轻松掌握3D打印系列丛书

3D打印技术

河南泛锐复合材料研究院有限公司　组编

姚栋嘉　陈智勇　吕　磊

杨红霞　韩　硕　高　阳　编著

曾庆丰　主审

机械工业出版社

本书在综合国内外大量3D打印前沿领域的最新研究成果、优秀论文及相关文献的基础上，从科学、集成的角度，系统地讲解了3D打印技术的原理、工艺、设备、模型设计、应用和实用技能，以帮助读者较全面地认识和了解3D打印。全书共8章，内容包括：绪论、3D打印主流工艺、典型3D打印设备介绍、三维模型设计、三维扫描技术概述、切片与数据处理、3D打印实用技能和实操案例。

本书内容丰富，紧贴科技前沿，可作为高等院校理工科专业的教材，也可作为对3D打印技术感兴趣或希望尽快进入3D打印领域的工程技术人员的参考用书。

图书在版编目（CIP）数据

3D打印技术/姚栋嘉等编著. —北京：机械工业出版社，2018.8（2023.2 重印）

（轻松掌握3D打印系列丛书）

ISBN 978-7-111-60580-5

Ⅰ.①3… Ⅱ.①姚… Ⅲ.①立体印刷–印刷术–基本知识 Ⅳ.①TS853

中国版本图书馆 CIP 数据核字（2018）第 171179 号

机械工业出版社（北京市百万庄大街22号　邮政编码100037）

策划编辑：吕德齐　　　　　　责任编辑：吕德齐
责任校对：张　力　张　薇　封面设计：马精明
责任印制：张　博

北京雁林吉兆印刷有限公司印刷

2023 年 2 月第 1 版第 3 次印刷

169mm×239mm・7.75 印张・10 插页・148 千字

标准书号：ISBN 978-7-111-60580-5

定价：59.00 元

前　言

在经济发展全球化的大背景下，制造技术在快速发展过程中，不断地汲取各种技术研究成果的养分，并与计算机、信息、自动化、材料、化学、生物及现代管理等学科相融合，使传统意义上的制造技术有了质的飞跃，形成了先进制造技术的新体系。

从 1986 年 Charles Hull 开发了第一台商业 3D 打印机算起，3D 打印已经走过了 30 余年，蛋糕、别墅、汽车、飞机、心脏……关于 3D 打印应用的新闻报道不断刷新人们的想象。随着物联网、云计算、大数据等技术的不断成熟和广泛应用，"中国制造 2025""工业 4.0"等工业发展战略已然兴起，推动了工业机器人、3D 打印等智能制造产业的发展。我国是全球最大的工业生产国，随着国家政策的扶持和企业需求的扩大，未来 3D 打印将在我国工业生产制造中扮演重要的角色。

本书将系统地介绍 3D 打印技术，以使学生对 3D 打印技术在目前的大环境下所涉及的前沿技术领域和最新科技成果，有一个全面的认识，着重培养学生的思维创造和设计能力。本书编写过程中力求体现理论结合实际的特色，并注重新技术的普及与推广。本书编写模式新颖，采用团队通力协作、校企深度合作的模式完成。

全书共 8 章，由河南泛锐复合材料研究院有限公司组编。参加编写人员及具体分工如下：河南泛锐复合材料研究院有限公司的杨红霞编写了第 1、第 3 章，韩硕编写了第 2 章，高阳编写了第 8 章；河南工业大学的吕磊编写了第 4 ~ 第 7 章。全书由河南泛锐复合材料研究院有限公司的姚栋嘉、洛阳理工学院陈智勇统稿，由西北工业大学曾庆丰教授主审。

3D 打印技术涉及众多学科，发展日新月异，由于编者水平有限，书中难免存在不足之处，恳请读者批评指正。

编者

目　　录

第1章 绪 论

知识要点	学习目标	相关知识
3D 打印发展概况	了解 3D 打印发展历程	3D 打印发展历程 目前 3D 打印发展状况
3D 打印的基本概念及原理	掌握 3D 打印的基本概念及原理	3D 打印的定义 3D 打印的基本原理 3D 打印的基本流程 3D 打印的特点
3D 打印应用领域	了解 3D 打印应用概况	3D 打印在汽车行业的应用 3D 打印在武器装备领域的应用 3D 打印在航空航天领域的应用 3D 打印在医疗行业的应用 3D 打印在建筑行业的应用 3D 打印在服装行业的应用 3D 打印在食品行业的应用 3D 打印在教育行业的应用
3D 打印就业方向	了解 3D 打印就业方向	3D 打印所需求岗位的职责、任职资格

课前准备

　　在生活中，我们可以使用普通打印机将计算机设计的平面物品打印出来。3D 打印机与普通打印机的工作原理基本相同，打印材料却存在差异，普通打印机的打印材料是墨水和纸张，而 3D 打印机内装有塑料、陶瓷、金属、砂等不同的"打印材料"，是确确实实的原材料。打印机与计算机连接后，通过计算机控制可以把"打印材料"一层层叠加起来，最终把计算机上的蓝图变成实物。

那么 3D 打印机是否是近年来才出现的技术呢？3D 打印机的具体工作原理是什么？能应用于哪些行业？同学们带着这些问题，开始本章内容的学习。

1.1　3D 打印的发展概况

1.1.1　国际 3D 打印的发展概况

3D 打印技术的核心制造思想最早起源于 19 世纪末的美国，到 20 世纪 80 年代后期 3D 打印技术发展成熟并被广泛应用。

1984 年，Charles Hull 发明了将数字资源打印成三维立体模型的技术。

1986 年，Chuck Hull 发明了立体光刻工艺，并获得利用紫外线照射将树脂凝固成型来制造物体的专利。随后，他成立了一家名为"3D Systems"的公司，开始专注发展 3D 打印技术。1988 年，该公司生产出世界上首台以立体光刻技术为基础的 3D 打印机 SLA-250，体型非常庞大。

1988 年，美国人 Scott Crump 发明了一种新的 3D 打印技术——熔融沉积成型。该技术适用于产品的概念建模及形状和功能测试，不适合制造大型零件。

1989 年，美国人 C. R. Dechard 发明了选择性激光烧结技术，该技术的特点是选材范围非常广泛，如尼龙、蜡、ABS 树脂（丙烯腈-丁二烯-苯乙烯共聚物）、金属和陶瓷粉末等都可以作为原材料。

1992 年，美国人 Helisys 发明层片叠加制造技术。

1995 年，Z Corporation 获得 MIT 的许可，开始着手开发基于 3DP 技术的打印机。

1996 年，3D Systems、Stratasys、Z Corporation（以下简称 Z Corp）各自推出了新一代的快速成型设备，而后快速成型便有了更加通俗的称呼——"3D 打印"。

2005 年，Z Corp 公司推出世界上第一台高精度彩色 3D 打印机 Spectrum Z510。

2011 年，英国南安普敦大学的工程师们成功设计并试驾了全球首架 3D 打印的飞机。

2012 年，荷兰医生和工程师们采用 LayerWise 制造的 3D 打印机，打印出一个定制的下颚假体。

2015 年 3 月，美国 Carbon 3D 公司发布了一种新的光固化技术——连续液态界面制造（Continuous Liquid Interface Production，CLIP），该技术利用氧气和光连续地从树脂材料中制出模型，比之前的 3D 打印技术要快 25 ~ 100 倍。

21 世纪以来，3D 打印技术发展非常迅速，很多国家都已加入到 3D 打印技术的研发与应用队伍中来。

2011 年，美国总统奥巴马宣布启动"先进制造伙伴关系计划"（AMP）；2012 年 2 月，美国国家科学与技术委员会发布了《先进制造国家战略计划》；2012 年 3 月，奥巴马又宣布实施投资 10 亿美元的"国家制造业创新网络计划"（NNMI）。在这些战略计划中，均将增材制造技术列为未来美国最关键的制造技术。2012 年 8 月，作为 NNMI 计划的一部分，奥巴马宣布联邦政府投资 3000 万美元成立国家增材制造创新研究所（NAMII），致力于增材制造技术和产品的开发，以保持美国的领先地位。

欧洲也十分重视 3D 打印技术的研发应用，英国《经济学人》杂志是最早将3D 打印称为"第三次工业革命的引擎"的媒体；2013 年 10 月，欧洲航天局公布了"将 3D 打印带入金属时代"的计划，主要利用 3D 打印技术为宇宙飞船、飞机和聚变项目制造零部件，最终的目标是利用 3D 打印技术实现整颗卫星的整体制造；德国将"选择性激光熔结技术"列入德国光子学研究计划。

日本持续不断地尝试将本国已取得的技术成果推广和应用到工业中，致力于推动 3D 打印产业链后端；澳大利亚于 2013 年制定了金属 3D 打印技术路线，并于当年 6 月揭牌成立中澳轻金属联合研究中心（3D 打印）；南非政府着眼于大型 3D 打印机的研制和开发，协同发展核心激光设备研制与扶持激光技术。

1.1.2 我国 3D 打印的发展概况

1988 年，颜永年正在美国加州大学洛杉矶分校做访问学者，偶然得到了一张工业展览宣传单，上面介绍了快速成型技术。颜永年回国后，就转攻快速成型技术领域，他多次邀请美国学者来华讲学，并建立了清华大学激光快速成型中心。

1992 年，西安交通大学卢秉恒教授（国内 3D 打印技术的先驱人物之一）赴美做高级访问学者，发现了快速成型技术在汽车制造业中的应用，回国后随即转向研究这一领域，于 1994 年成立了先进制造技术研究所。

1998 年，清华大学的颜永年又将快速成型技术引入生命科学领域，提出生物制造工程学科概念和框架体系，并于 2001 年研制出生物材料快速成型机，为制造科学提出一个新方向。

我国 3D 打印的起步并不晚，对 3D 打印的研发已经有 20 多年的探索和积累，在核心技术方面具有先进的一面，但是在产业化方面的发展稍显滞后。

 扩展阅读

近年来，我国积极探究 3D 打印技术，并已初步取得成效。自 20 世纪 90 年代初以来，清华大学、西安交通大学、华中科技大学、华南理工大学、北京航空航天大学、西北工业大学等高校在 3D 打印设备制造技术、3D 打印材料技术、3D 设计与成型软件开发、3D 打印工业应用研究等方面开展了积极的探索，已有部分技术处于世界先进水平。我国地方政府也非常重视 3D 打印产业，珠海、青岛、双流、南京等地先后建立了多个 3D 打印技术产业创新中心和科技园。

1.2 3D 打印的基本概念

3D 打印（3D Printing）技术又称为增材制造或增量制造（Additive Manufacturing），指基于三维数学模型数据，通过连续的物理层叠加，逐层增加材料来生成三维实体的技术。3D 打印实现过程如图 1-1 所示。

图 1-1　3D 打印实现过程

增材制造技术起步于 20 世纪 90 年代前后，经过短短二十几年的发展，迅速成长为现代制造业的核心技术。简单来说，3D 打印机就是可以"打印"出真实三维物体的设备，通过分层、叠层以及逐层加料的方式做出立体实物。随着堆叠方式种类的增多，3D 打印技术也呈现出各种各样的成型方式，且不同技术所用的打印材料以及成型构件的样式也各不相同，但其成型的基本原理都是离散-堆积，属于由零件三维数据驱动直接制造零件的科学技术体系。3D 打印的工作原理如图 1-2 所示。

简单来讲，3D 打印的基本过程分为四步，如图 1-3 所示。

1）建模。通俗来讲，3D 建模就是通过三维制作软件在虚拟三维空间构建出具有三维数据的模型。

2）切片处理。切片的目的是将模型用片层的方式来描述。切片就是把 3D 模型切成一片一片的形状，设计好打印的路径，并将切片后的文件储存成 .gcode 格式（一种 3D 打印机能直接读取并使用的文件格式）。然后通过 3D 打印机控制软件，把 .gcode 文件发送给打印机并控制 3D 打印机的参数、运动使其完成打印。

3）打印过程。启动 3D 打印机，通过数据线、SD 卡等方式把 STL 格式的模

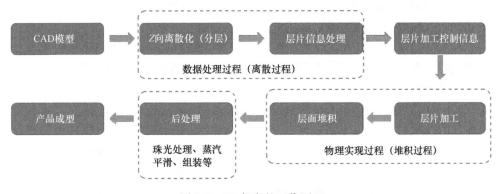

图 1-2　3D 打印的工作原理

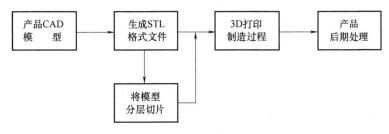

图 1-3　3D 打印的基本过程

型切片得到 gcode 文件传送给 3D 打印机，同时装入相应的 3D 打印材料，调试打印平台，设定打印参数，然后打印机开始工作，材料会一层一层地打印出来。层与层之间以各种方式粘合起来。就像盖房子一样，砖块是一层一层的，但累积起来后就形成一个立体的房子。最终经过分层打印、层层粘合、逐层堆砌，一个完整的物品就会呈现出来。

4）后期处理。3D 打印机完成工作后，取出物体，根据不同的使用场景和要求进行后期处理。例如，在打印一些悬空结构时，需要有个支撑物，然后才可以打印悬空上面的部分，对于这部分多余的支撑需要通过后期处理去掉。有时候打印出来的物品表面会比较粗糙，需要抛光；有时需要对打印出来的物体进行上色处理，不同材料需要采用不一样的颜料；有时为加强模具成型的强度，需进行静置、强制固化、去粉、包覆等处理。

1.3　3D 打印的特点

3D 打印不需要机械加工或模具就能直接从计算机图形数据中生成任何形状的物体，使得产品的生产周期极大地缩短，从而提高生产率。

1) 利用计算机辅助制造技术、现代信息技术以及新材料技术等，通过综合集成的方式构成完整的生产制造体系。

2) 3D 打印技术具有设计和制造高度一体化的特点。3D 打印技术属于一种自动化的成型过程，它不受产品结构复杂程度等因素的限制，可以制造出任意形状的三维物品。

3) 3D 打印技术的生产过程具有高度柔性化的特点。在此过程中，能够根据客户的需求对产品品种和规格等进行相应调整，在调整的过程中只需要改动 CAD 模型，重新设计相关参数，不仅能够确保整个生产线快速响应市场变化，同时还有可调节性作为支撑，进一步保障了生产质量。

4) 3D 打印技术具有生产速度快的特点。应用该打印技术不仅能够提升产品成型的速度，而且还能缩短加工周期，从而使设计人员能够在短时间内将设计思想物化成三维实体，便于对其外观形状以及装配等展开测试。

5) 3D 打印材料具有相应的广泛性。3D 打印技术所应用的材料广泛性较强，金属、陶瓷、塑料、橡胶等材料都适用于打印生产操作。

具体来讲，与传统制造对比，3D 打印具有以下八大优势：

1) 降低产品制造的复杂程度。传统制造业通过模具及车、铣等机械加工方式对原材料进行定型、切削以生产产品。与传统制造不同的是，3D 打印将三维实体变为若干个二维平面，通过对材料处理并逐层叠加进行生产，大大降低了制造的复杂度。

2) 扩大生产制造的范围。3D 打印技术不需要复杂的工艺、庞大的机床、众多的人力，直接从计算机图形数据中便可生成任意形状的零件，使生产制造得以向更广的生产人群范围延伸，可以造出任何形状的实物。

3) 缩短生产制造时间，提高生产率。根据模型的尺寸以及复杂程度，传统方法制造出一个模型通常需要花费数小时到数天时间，但是采用 3D 打印技术，根据打印机的性能、模型的尺寸和复杂程度，则可以将时间缩短为数小时到数十分钟。

4) 减少产品制造的流程。实现了近净成型，极大地减少了后期辅助加工量，避免了委外加工时数据泄密和时间跨度问题，特别适合一些高保密性的军工、核电等行业。

5) 即时生产且能满足客户个性化需求。3D 打印机可以按需打印，即时生产，从而减少企业的实物库存。企业还可以根据客户订单使用 3D 打印机制造出定制的产品满足其个性化需求。

6) 开发更加丰富多彩的产品。用传统制造技术制造的产品形状有限，制造形状的能力受所使用工具的限制。3D 打印机可以突破这些局限，充分发挥设计的空间，甚至可以制作目前可能只存在于自然界的形状物品。

7）提高原材料的利用效率。与传统的金属制造技术相比，3D 打印机制造金属时产生较少的副产品。

8）提高产品的精确度。扫描技术和 3D 打印技术将共同提高实体和数字世界之间形态转换的分辨率，可以扫描、编辑和复制实体对象，创建精确的副本或优化原件。

从本质上来讲，3D 打印技术与传统制造业有很大差异。传统制造业通过对原材料进行磨削、腐蚀、切割以及熔融等处理后，各个零部件通过焊接、组装等方法形成最终产品，其制造过程烦琐复杂，消耗大量人力和物力。对 3D 打印技术来说，可直接参照计算机提供的图像数据，再利用添加材料的方式即可生成想要的实物模型，不需要原坯和模具，产品的制造过程更简单，所制作的成品具有高效率低成本的优势，给人们带来了极大的便利。3D 打印技术与传统制造技术的主要差异见表 1-1。

表 1-1 3D 打印技术与传统制造技术的比较

项 目	3D 打印技术	传统机械制造
基本技术	FDM、SLA、SLS、LOM、3DP	车、钻、铣、磨、铸、锻
核心原理	分层制造、逐层叠加	几何控形
技术特点	增材制造，即加法	减材制造，即减法
适用场合	小批量、造型复杂；特殊功能性零部件	大规模、批量化；不受限
使用材料	塑料、光敏树脂、金属粉末等（受限）	几乎所有材料
材料利用率	高，可超过 95%	低，有浪费
应用领域	模具、样件、异形件等	广泛，不受限制
构件强度	有待提高	较好
产品周期	短	相对较长
智能化	容易实现	不容易实现

相对传统制造技术来讲，3D 打印技术是一次重大的技术革命。它可以解决传统制造业所不能解决的技术难题，对传统制造业的转型升级和结构性调整将起到积极的推动作用。然而传统制造业所擅长的批量化、规模化、精益化生产，恰恰是 3D 打印技术的短板。从技术上分析，目前 3D 打印技术只能根据对物品外部扫描获得的数据或者根据 CAD 软件设计的物品数据打印出产品，并且只能用来表达物品外观几何尺寸、颜色等属性，无法打印产品的全部功能。因此，从成本核算、材料约束、工艺水平等多方面因素综合比较来看，3D 打印并不能够完全代替传统的生产方式，而是要为传统制造业的创新发展注入新鲜动力。

1.4 3D 打印的应用领域

近年来，3D 打印技术发展迅速，应用领域几乎遍及所有领域，已经成为现代模型、模具和零部件制造的有效手段，尤其在航空航天、国防军工、生物医药、家电、建筑工程、教学研究和农用工具、大众消费等领域得到一定的应用，并取得了良好的效果。

1.4.1 3D 打印在汽车行业的应用

与人们生活息息相关的汽车业也受到了 3D 打印技术的影响。3D 打印技术为汽车制造业注入了新的血液，不仅是汽车零部件的设计与制造，而且汽车外观造型、内部结构或汽车内饰功能上的设计，都在不同程度上应用了 3D 打印技术。目前 3D 打印技术在汽车设计中的应用主要集中在概念模型开发、功能验证原型制造、工具制造及小批量定制型成品的生产四个阶段。

在国外的汽车制造领域，3D 打印技术的应用已经相对比较成熟，有很多成功的案例。2013 年世界首辆 3D 打印汽车 Urbee（见图 1-4）问世，整个车身采用 3D 打印技术一体成型，具有其他片状金属材料所不具有的可塑性和灵活性。整车的零件打印只需 2500h 即可完成，工人需要做的只是把所有打印好的零部件组装在一起，生产周期远远快于传统汽车制造周期。新版的 Urbee2 则只需要 50 个 3D 打印的零部件即可，而传统标准汽车则需要由上千个零件组装而成。

图 1-4　世界首辆 3D 打印汽车 Urbee（图片来源：网易汽车）

1.4.2 3D 打印在武器装备领域的应用

在武器装备领域，3D 打印应用主要集中在武器设计创意验证和模具制作方面，可以直接打印一些特殊、复杂的结构件，同时有效实现结构件的轻量化。在世界各国的广泛关注与大力推进下，3D 打印技术的发展与应用不断取得突破，对武器装备的发展也产生了深远影响。

3D 打印可用于武器装备的设计。3D 打印技术不需要传统制造方式的铸锭、制胚、模具、模锻等过程，可以直接快速、低成本地进行原型机生产，且整个生产过程可随时修正、随时制造，在短时间内就可进行大量的验证性试验，从而显著降低研制风险、缩短研制时间、降低研制费用。例如，某外国公司通过引入 3D 打印技术，将坦克外置装备的制造成本从每单件 10 万美元降至 4 万美元以下。

3D 打印还可用于武器零部件的维修和更换。在战场上难以预测装备受损情况，依靠备件或供应链容易产生保障不足或过量的情况。3D 打印技术具备快速制造不同零部件的能力，只要有电子设计图样及打印材料，就可根据需要快速地打印出各种部件。图 1-5 所示为 3D 打印的坦克观望机架。

图 1-5　3D 打印的坦克观望机架
（图片来源：stratasys 公司官网）

1.4.3　3D 打印在航空航天领域的应用

航空航天领域正在利用 3D 打印来改善资产的分配，减少维护费用，并通过制备更轻的部件节省燃料成本。航空航天装备的零部件生产遍布世界各地，这些零部件可能需要几周时间才能运送到装配厂，如果是突发性的紧急事件，将严重的影响装备的测试或应用。使用 3D 打印技术现场打印组件，就能省去运输时间，减少供应链中的摩擦，也能减少工厂的库存。例如，波音公司已经使用 3D 打印机为其 787 飞机生产环境控制管道（ECD）。通过 3D 打印，可以将 ECD 作为一体，不需要组装。而且由于 3D 打印件的质量减小，从而可使飞机节省燃料。3D 打印对于航空航天装备中的具有复杂内部结构的零件特别有效，图 1-6 所示为 3D 打印的形状复杂的金属机翼支架。

图 1-6　3D 打印的金属机翼支架
（图片来源：EADS 公司官网）

1.4.4　3D 打印在医疗行业的应用

3D 打印最令人鼓舞的应用行业是在医疗行业，3D 打印具有挽救生命或大幅改善医疗条件的潜能。可利用 3D 打印技术使用金属、塑料等非活体组织材料定制生产假肢、牙齿模具、骨科植入物、助听器外壳等医疗器械，如图 1-7 所示为 3D 打印的牙齿模具，但这些都属于 3D 打印技术在医疗行业应用的初级阶梯。3D 打印血管、软骨组织这类单一的活体组织属于中级阶梯。3D 打印人工肝脏、心脏等人工器官则属于顶级阶梯。无论是人造血管、软骨组织，还是肝脏、心脏等器官，其核心都是特定类型细胞的分离（或定向诱导）和大规模扩增。而 3D 打印技术在人工组织、器官培养过程中更多地承担了三维形状的构建任务，即让人体细胞按照预先设计的形状生长。

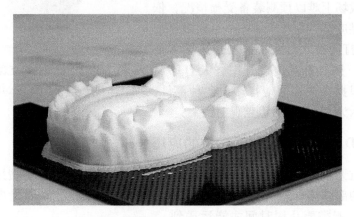

图 1-7　3D 打印的牙齿模具（图片来源：Stratasys 公司官网）

1.4.5　3D 打印在建筑行业的应用

3D 打印建筑的发展将对人们的未来生活产生巨大的影响。3D 打印在建筑领域的应用主要集中在建筑设计阶段和工程施工阶段。

在建筑设计阶段，建筑的设计工作引入 3D 打印技术后设计师们能够对很多建筑创意想法进行实践，提高多种不同建筑类型实施的可行性，对现实的施工具有较强的指导作用。其次，运用 3D 打印技术能够对局部进行特殊设计提前做出有效的预估，获得最直观的感受，并提前设定好相应的辅助措施，弥补不足之处，确保建筑工程的质量。图 1-8 所示为 3D 打印的建筑模型。

在工程施工阶段有效应用 3D 打印技术，可以极大地缩短工期，提供高质量的应急住房。2016 年 5 月全球首座使用 3D 打印技术建造的办公室（见图 1-9）在阿联酋迪拜国际金融中心落成。

图 1-8 3D 打印的建筑模型（图片来源：hk3Dprint 公司官网）

图 1-9 3D 打印技术建造的办公室（图片来源：新华网）

1.4.6 3D 打印在服装行业的应用

3D 打印在服装行业的运用，改变了以往布料难以塑造的立体造型，给人们带来了焕然一新的视觉冲击。3D 打印的使用给了设计师充分的想象空间，能够让设计师在产品形态创意和功能创新方面不受约束，挥洒自如，给服装制造业带来空前的发展机遇。

如图 1-10 所示，3D 打印技术打破了传统产品设计的限制，利用计算机能够实现传统工艺得不到的线条，选择不同的制造材料，根据客户自己的想法、个人喜好等不同的需求进行定制，使得传统制造业无能为力的产品成为可能。

在减少库存、节约成本方面，3D 打印技术在生产成品之前基本无须任何材料的消耗，同时可以循环使用生产资料，如果想要改进已生产出来的产品，可

图 1-10　3D 打印设计的衣服（图片来源：雷锋网）

以将原材料（或旧材料）粉碎再打印。同时，3D 打印可以打印单个产品，不像工厂那样需要大批量生产。3D 打印技术在服装行业的应用能够节省能源，减少浪费，多次利用资源，简化生产过程。

1.4.7　3D 打印在食品行业的应用

合理的膳食不仅能满足人体的生长、发育和各种生理、体力活动的需要，而且还能保障不同年龄段人群的健康，减少疾病的发生。而多材料食品 3D 打印技术将成为解决膳食平衡问题的有效措施。3D 打印技术将为食品领域带来全新的概念和动力。

3D 打印技术可用于提供健康食品。通过对材料盒中的食物原料进行科学合理的配置，3D 打印技术可以打印出适用于青少年、老人、孕妇及各类病患者不同营养需求的食品。

3D 打印技术可用于航空食品。载人航天技术面临着保障航天员在太空环境中长期生活的难题，然而 3D 打印机中的材料盒可以存放碳水化合物、蛋白质、色素、调味剂及微量元素等营养成分，保质期可长达 30 年，完全杜绝了食材变质和浪费的现象，从而为宇航员们提供了保质期更长久的食物。

3D 打印技术可用于个性化需求。3D 打印技术不仅可以制造出传统食品生产技术无法制造出的外形，而且还可以简化生产过程，快速有效又低成本地生产出单个物品。图 1-11 所示为 3D 打印出的食物。

1.4.8　3D 在教育行业的应用

3D 打印技术可用于教学模型的制作周期和方式的革新。当前，教学工具和仪器一般由专门的教学设备制作机构制作发行，更新慢；多媒体课件中展示的教学内容模型也无法使学生直接接触和观察教学。每位教师都可以使用 3D 打印

图 1-11　3D 打印出的食物（图片来源：Biozoon 公司网站）

方便地打印模型，以有形的三维格式展示教科书中提取的二维信息，并可以自行设计个性化的教学模型进行教学。同时，3D 打印可以用于制作特殊的教学模型，特别是像医学解剖、有毒材料、文物古迹等难以获取的模型。

3D 打印技术可用于创新课程设计。很多学科可以通过 3D 打印制作相关的模型，更加形象地进行课程内容的学习和试验设计。在教学活动中，生动的 DIY（自己动手制作）和立体化的学习方式越来越受到学生的喜爱。在机械设计和工业设计等专业，3D 打印机能够直接创建出三维外观原型，使学生们能够更直观地评估自己的设计。

1.5　3D 打印的就业方向

近年来，随着 3D 打印行业的快速发展和广阔的市场前景，很多企业开始涉足其中，对 3D 打印专业人才的需求也越来越旺盛。据有关机构统计，目前我国 3D 打印行业的专业人才缺口超过千万人，其中制造行业对 3D 应用人才需求最大，缺口约为 800 万人，且需求还在不断攀升。

3D 打印技术的特点决定了 3D 打印行业对人才的综合性特殊要求。例如：3D 打印的技术研究和材料开发，主要需高层次专业技术人才；3D 打印设备的研发生产主要需要更多涉及机械加工制造领域的人才；3D 打印应用服务则主要需要具备一定的工业设计、计算机软件编程等能力的技术应用人才。下面具体介绍 3D 打印不同的岗位需求。

1. 3D 打印研发岗位

3D 打印研发人员主要根据企业产品开发计划，参与 3D 打印机的系统研发工作，对新产品进行调试，对原有产品进行改进和功能优化，具体岗位职责和任职资格见表 1-2。

表 1-2　3D 打印研发岗位

岗位职责	1）广泛收集相应技术、产品信息 2）负责产品系统设计、概要设计、详细设计 3）核心产品技术攻关，新技术的研究 4）对研发的 3D 打印机进行单元测试，及时将测试结果按要求进行记录 5）负责试验设备仪器的维护和保养工作 6）不断升级原有产品，提出新的研发方案 7）完成上级交付的其他任务
任职资格	1）熟悉面向对象设计、数据库设计、开发模式、UML 建模语言和数据库模型设计工具 2）能够熟练使用开发和调试工具进行系统软件开发 3）了解或熟悉 3D 打印机，参与过 3D 打印机设计、开发与调试者优先 4）有较好的沟通和团队协作能力，有足够的好奇心，喜欢接触新技术，对新技术的学习有较强的动力

2. 3D 打印设计岗位

3D 打印设计人员主要根据企业产品开发计划，参与产品模型设计和模型数据的处理工作，开展市场调研，收集相关技术、产品信息，为产品设计决策提供信息支持，具体岗位职责和任职资格见表 1-3。

表 1-3　3D 打印设计岗位

岗位职责	1）广泛开展市场调研工作，收集相应技术、产品信息，及时跟进技术革新和获取支持 2）利用 3D 扫描仪，获得物体表面的每个采样点的 3D 空间坐标及色彩信息，生成 3D 模型 3）根据市场需求和企业要求，对扫描的数据模型进一步加工和设计 4）参与产品开发小组，依据产品开发计划实施产品设计工作 5）参与产品的生产和批量试制工作 6）设计图样的保存和保密，其他产品设计相关工作
任职资格	1）有良好的艺术涵养及较强的审美能力、表达能力、沟通能力 2）熟练掌握平面设计和三维设计软件，如 Geomagic、AutoCAD、UG、Solidwork、3DMax 其中的一种 3）较强的学习能力和动手能力，对新事物有求知欲，自学能力强 4）能了解并耐心聆听主管或客户的设计要求，在合作过程中能进行良好沟通 5）主动和自信、吃苦耐劳、有良好的协作和服务意识，较强的环境适应能力

3. 3D打印操作岗位

3D打印操作工程师主要负责3D打印机等机械设备的操作和产品生产，依据产品的特点和要求，选择合适的耗材投入使用，对生产的产品质量负责，具体岗位职责和任职资格见表1-4。

表1-4 3D打印操作岗位

岗位职责	1）熟悉3D打印工业生产中的主要耗材，根据产品需要熟练选择不同的主要耗材 2）遵守厂规、厂纪，根据生产部下达的生产计划组织生产，保质保量地完成生产任务 3）配合检验员做好过程检验，严格按照厂定配方和质量要求，保证产品质量 4）对打印出的产品进行检查，并进行必要的后处理，如上色、抛光等 5）负责协助完成3D打印机的安装、调试，能熟练操作，负责3D打印机的定期维护及保养 6）发扬团结友爱、互助协作精神，不断提高操作技能，积极提出合理化建议
任职资格	1）熟悉3D打印机的工作原理，了解3D打印机的打印操作步骤和注意事项 2）熟悉工业产品的打印要求和工艺流程 3）能够做好所负责3D打印设备所有资料的整理，按时记录、按时上交，并将有关情况及时向设备主管汇报 4）善于钻研，勇于突破，刻苦勤奋，责任心及执行力强，有良好的协作和服务意识

4. 3D打印质检岗位

3D打印质检工程师主要负责对3D打印耗材进行质量检查，对3D打印的生产过程和生产的产品数量和质量进行检查，对于不符合要求的产品，应做出相应处理并及时反馈，具体岗位职责和任职资格见表1-5。

表1-5 3D打印质检岗位

岗位职责	1）协助公司建立并执行质量管理战略，为公司质量管理决策提供信息支持 2）建立、维护并持续改善质量管理体系，并确保其有效运行，推进业务流程标准化 3）制订公司质量管理计划，并有计划地推进、实施，组织对生产过程质量控制进行全面管理 4）根据公司整体质量状况组织质量控制方案和工作计划负责物资采购、产品生产、出入库总检等环节全程质量监督并填写质量检验记录 5）配合研发、技术人员进行新产品试制及质量控制 6）其他质检相关工作

（续）

任职资格	1）了解 3D 打印材料的种类和特点以及相关国家标准 2）了解企业出厂产品检验规范和检验标准，根据检验标准进行质量检查 3）熟悉 ISO 体系，具有丰富的现场品质管理经验 4）具有灵活应变的处事能力，较强的说服、教育、组织能力；踏实勤恳，执着敬业，富有团队精神

5. 3D 打印上色岗位

3D 打印上色工程师主要根据不同的 3D 打印产品的设计要求，对打印后的产品按要求进行上色，使产品色泽鲜亮，提高打印效果，具体岗位职责和任职资格见表 1-6。

表 1-6　3D 打印上色岗位

岗位职责	1）能够使用合适的上色材料和工具，选择合适的方法对 3D 打印出的产品进行上色处理 2）根据 3D 打印模型负责模型处理和上色制作等 3）与设计人员沟通，防止上色错误 4）熟知产品制作流程，分析、优化流程，树立产品服务理念 5）展现产品功能，提升用户体验度，为用户制作出高品质的实物作品
任职资格	1）有良好的创意表达能力和色彩感觉 2）能够使用合适的上色材料和工具，选择合适的方法对 3D 打印出来的产品进行上色处理 3）根据 3D 打印模型负责模型处理和上色制作等任务 4）执行力强，善于沟通，心理承受力强，具有创新意识，性格开朗，具有良好的沟通能力和团队合作能力

6. 3D 打印销售岗位

3D 打印销售人员主要负责企业品牌的推广和产品的线上线下销售，通过有效的方法开拓市场，对客户关系进行维护和管理，具体岗位职责和任职资格见表 1-7。

表 1-7　3D 打印销售岗位

岗位职责	1）根据公司制定的个人销售计划，拓展自己的业务，并完成个人销售目标 2）收集客户资料，拜访客户，为客户制定各种销售方案，努力提高客户满意度 3）了解分析 3D 打印行业发展信息和主要竞争对手的动向 4）开发新产品客户，维持并不断巩固客户关系 5）服从公司的统一管理，遵守公司的各项管理规定 6）完成领导交给的其他工作任务

（续）

任职资格	1）熟悉产品的特点、功能和耗材，了解3D打印设备及其应用 2）了解3D打印产品的商业模式及盈利模式 3）善于沟通，能适应经常出差 4）具备良好的客户服务意识，有责任心，执行力强，勇于克服困难，抗压能力强 5）热爱销售岗位，具有热爱、坚持、奋进、专业、真诚的品质

 **本章小结**

本章学习了3D打印的相关基本知识；了解了3D打印的发展历程；学习了3D打印的定义；明白了3D打印技术是基于三维数学模型数据，通过连续的物理层叠加，逐层增加材料来生成三维实体的技术。重点学习了3D打印的基本原理、基本流程及特点；了解了3D打印技术在各个行业的应用概况；了解了3D打印就业的岗位需求，以及岗位的职责和任职资格。

 课后练习

1. 列举3D打印技术在生活中的应用。

2. 与传统制造工艺相比，3D打印技术的优点有哪些？

第 2 章 3D打印主流工艺

  传统的制造在切割或模具成型过程中不能轻易地将多种原材料融合在一起，而随着多材料3D打印技术的发展，则可以将不同原材料融合在一起。以前无法混合的原料混合后将形成新的材料，这些材料色调种类繁多，具有独特的属性或功能。随着多种新材料的产生，就会有相应的技术与之匹配。

  那么3D打印有哪些技术工艺？这些工艺的原理和适应的材料是什么？同学们带着这些问题，开始本章内容的学习。

  经过几十年的发展，目前已经开发出多种3D打印技术路径，从大类上划分为挤出成型、粒状物料成型、光聚合成型和其他成型几大类，见表2-1。挤出成型主要代表技术路径为熔融沉积成型（Fused Deposition Modeling, FDM）；粒状物料成型技术路径主要包括电子束熔化成型（Electron Beam Melting, EBM）、选择性激光烧结（Selective Laser Sintering，SLS）、三维打印黏结成型（Three Dimension Printing，3DP）、选择性热烧结（Selective Heat Sintering，SHS）等；光聚合成型主要包括光固化成型（Stereo Lithography Appearance，SLA）、数字光处理（Digital Light Processing，DLP）；其他技术包括激光熔覆快速制造技术（Laser Engineering Net Shaping，LENS）、微滴喷射技术（Droplet Ejecting Technology，DET）、熔丝制造（Fused Filament Fabrication，FFF）、熔化压模（Meltedand Extrusion Modeling，MEM）、叠层实体制造（Laminated Object Manufacturing，LOM）等。

表2-1 3D打印主要方式

类 型	技 术	基 本 材 料
挤出成型	熔融沉积成型（FDM）	热塑性材料（如聚乳酸PLA、丙烯腈-苯乙烯-丁二烯共聚物ABS）、共熔金属、可食用材料
粒状物料成型	直接金属激光烧结（DMLS）	几乎任何金属合金
	电子束熔化成型（EBM）	钛合金
	选择性热烧结（SHS）	热塑性粉末
	选择性激光烧结（SLS）	热塑性塑料、金属粉末、陶瓷粉末
	基于粉末床、喷头和石膏的喷墨粉末打印	石膏
光聚合成型	光固化成型（SLA）	光敏聚合物
	数字光处理（DLP）	液体树脂

其中熔融沉积成型（FDM）、光固化成型（SLA）、叠层实体制造（LOM）、选择性激光烧结（SLS）、三维打印黏结成型（3DP）、电子束熔化成型（EBM）为主流技术。熔融沉积成型（FDM）工艺一般是热塑性材料，以丝状形态供料，材料在喷头内被加热熔化，喷头沿零件截面轮廓和填充轨迹运动，同时将熔化的材料挤出，被挤出的材料迅速凝固，并与周围的材料凝结；光固化成型（SLA）又称立体光刻、光成型等，是一种采用激光束逐点扫描液态光敏树脂使之固化的快速成型工艺；叠层实体制造（LOM）工艺是快速原型技术中具有代表性的技术之一，是基于激光切割薄片材料、由粘结剂黏结各层成型；选择性激光烧结SLS工艺，采用红外激光作为热源来烧结粉末材料，并以逐层堆积方式成型三维零件的一种快速成型技术；三维打印黏结成型工艺与SLS工艺类似，采用粉末材料成型，如陶瓷粉末、金属粉末。所不同的是材料粉末不是通过烧结连接起来的，而是通过喷头用粘结剂将零件的截面"印刷"在材料粉末上面。电子束熔化成型（EBM）主要采用钛合金粉末成型。微滴喷射技术（DET）突破了其他快速成型技术在材料上的限制，不仅可以成型低熔点的非金属材料，

而且可以成型高熔点的金属材料。

2.1 熔融沉积成型

熔融沉积成型又称为熔丝沉积成型（Fused Deposition Modeling，FDM），由 Scott Crump 于 20 世纪 80 年代发明，美国 Stratasys 公司在世界发达国家注册了专利。在 3D 打印技术中，FDM 的机械结构最简单，设计也最容易，制造成本、维护成本和材料成本也最低，因此 FDM 技术是目前应用最广泛的 3D 打印技术。

2.1.1 熔融沉积成型的原理

FDM 是将丝状热熔性材料加热熔化，通过带有一个微细喷嘴的喷头挤喷出来。热熔材料熔化后从喷嘴喷出，沉积在制作面板或者前一层已固化的材料上，温度低于固化温度后开始固化，通过材料的层层堆积形成最终成品。FDM 工艺的原理如图 2-1 所示，FDM 切片软件自动将 3D 模型（由 CATIA 或 UG、Creo 等三维设计软件得到）分层，生成每层的模型成型路径和必要的支撑路径。材料的供给分为模型材料和支撑材料。相应的热熔头也分为模型材料喷头和支撑材料喷头。

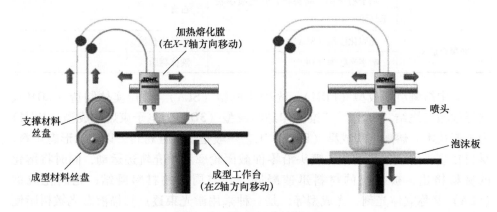

图 2-1　FDM 工艺的原理

如图 2-2 所示，熔融沉积造型技术加工的每一个产品，从最初的造型到最终的加工完成主要经历的过程如下：

（1）成型件的三维 CAD 建模　三维 CAD 模型数据是成型件真实信息的虚拟描述，它将作为快速成型系统的输入信息，所以在加工之前要先利用计算机软件建立好成型件的三维 CAD 模型。这种三维模型可以通过 CATIA、UG 或 Creo 等三维设计软件来完成，这些软件都具有通用性。

（2）三维 CAD 模型的近似处理　由于要成型的零件通常都具有比较复杂的曲面，为便于后续的数据处理，减小计算量，首先要对三维 CAD 模型进行近似处理。近似处理的原理是用很多的小三角形平面来代替原来的面，相当于将原来的所有面进行量化处理，而后用三角形的法矢量以及它的三个顶点坐标对每个三角形进行唯一标识，可以通过控制和选择小三角形的尺寸来达到所需要的精度要求。

（3）三维 CAD 模型数据的切片处理　快速成型实际完成的是每一层的加工，然后工作台或打印头发生相应的位置调整，进而实现层层堆积。因此，要得到打印头的每层行走轨迹，就要获得每层的数据。对近似处理后的模型进行切片处理，就是提取出每层的截面信息，生成数据文件，再将数据文件导入到快速成型机中。切片时切片的层厚越小，成型件的质量越高，但加工效率变低；反之，则成型质量低，加工效率提高。

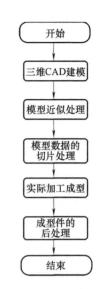

图 2-2　FDM 工艺流程

（4）实际加工成型　快速成型机在数据文件的控制下，打印头按照所获得的每层数据信息逐层扫描，一层一层地堆积，最终完成整个成型件的加工。

（5）成型件的后处理　从打印机中取出的成型件，还要进行去支撑、打磨、抛光等处理，进一步提高打印的成型质量。

2.1.2　熔融沉积成型的特点

FDM 技术是基于层层堆积成型的工艺过程，它具有以下优点：

1）制造系统可用于办公环境，没有毒气或有毒化学物质的危害。

2）可快速构建瓶状或中空零件。

3）与其他使用粉末和液态材料的工艺相比，丝材更加清洁，易于更换和保存，不会在设备中或附近形成粉末或液态污染。

4）概念设计原型的三维打印对精度和物理化学特性要求不高，其具有明显的价格优势。

5）可选用多种材料，如可染色的 ABS、医用 ABS、聚酯（PC）、聚砜（PPSF）、PLA 和聚乙烯醇（PVA）等。

6）后处理简单，仅需要几分钟到十几分钟的时间，剥离支撑后原型即可使用。

经过了几十年的发展，FDM 3D 打印机虽然得到广泛的应用，但它仍存在很多不足之处，具体如下：

1）成型精度低、打印速度慢。这是 FDM 3D 打印机的主要限制因素。

2）控制系统智能化水平低。采用 FDM 技术的 3D 打印机操作相对简单，但在成型过程中仍会出现问题，这就需要有丰富经验的技术人员操作机器，以便随时观察成型状态。因为当成型过程中出现异常时，现有系统无法进行识别，也不能自动调整，如果不去人工干预，将无法继续打印或将缺陷留在工件里的效果，这一操作上的限制影响了 FDM 3D 打印的普及。

3）打印材料限制性较大。目前在打印材料方面存在很多缺陷，如 FDM 用打印材料易受潮，成型过程中和成型后存在一定的收缩率等。打印材料受潮将影响熔融挤出的顺畅性，易导致喷头堵塞，不利于工件的成型；塑性材料在熔融后的凝固过程中，均存在收缩性，这会造成打印过程中工件的翘曲、脱落和打印完成后工件的变形，影响加工精度，造成材料浪费。

2.1.3 熔融沉积成型用材料

FDM 工艺要求成型材料熔融温度低、黏度低、粘接性好和收缩率小。熔融温度低是为了方便加热；材料的黏度低、流动性好，阻力就小，有助于材料顺利挤出。如果材料的流动性差，需要很大的送丝压力才能挤出，会增加喷头的启停响应时间，从而影响成形精度。材料的收缩率会直接影响到最终成型制品的质量，收缩率越小越好。根据熔融沉积成型的要求，目前可以用来制作线材或丝材的材料主要有石蜡、塑料、尼龙丝等低熔点材料和金属、陶瓷等。目前市场上普遍可以购买到的线材包括 ABS、PLA、人造橡胶、铸蜡和聚酯热塑性塑料等，其中 ABS 和 PLA 最为常用。图 2-3 所示为使用 ABS 打印的模型，图 2-4 所示为使用 PLA 打印的坦克玩具模型。表 2-2 列举了 ABS 和 PLA 材料的性能特点和区别。

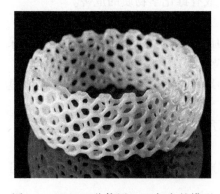

图 2-3　FDM 工艺使用 ABS 打印的模型
（图片来源：Form 1 打印的产品模型）

图 2-4　FDM 工艺使用 PLA 打印的坦克
玩具模型（图片来源：中关村在线）

表 2-2 ABS 和 PLA 材料的性能特点和区别

类别	性 能	打印物件	区 别
ABS	材料颜色有很多种，打印的模型色彩鲜亮，光泽度也比较好	玩具、工艺品、生活用品、小饰品等模型	熔点温度比 PLA 更高，通常为 210~250℃。在打印 ABS 过程中，还必须对平台进行加热，ABS 在打印过程中有毒物质的释放量远高于 PLA
PLA	可降解更环保，力学性能及物理性能良好，拥有良好的光泽度和透明度	杯子、盘子等生活用品	与 ABS 相比，PLA 价格稍贵

除了以上的材料之外，FDM 工艺还要用到一种十分重要的材料——支撑材料。支撑材料是在 3D 打印过程中对成型材料起到支撑作用的部分，在打印完成后，支撑材料需要进行剥离，因此也要求其具有一定的性能。目前采用的支撑材料一般为水溶性材料，即在水中能够溶解，方便剥离，FDM 技术对支撑材料的要求见表 2-3。

表 2-3 FDM 技术对支撑材料的要求

性能	具体要求	原 因
耐温性	耐高温	由于支撑材料要与成型材料在支撑面上接触，所以支撑材料必须能够承受成型材料的高温，在此温度下不产生分解与熔化
亲和性	与成型材料不浸润	支撑材料是加工中采取的辅助手段，在加工完毕后必须除掉，所以支撑材料与成型材料的亲和性不应太好
溶解性	具有水溶性或者酸溶性	对于具有很复杂的内腔、孔隙等原型，为了便于后处理，可通过支撑材料在某种液体里溶解而去除支撑。由于现在 FDM 使用的成型材料一般是 ABS 工程塑料，该材料一般可以溶解在有机溶剂中，所以不能使用有机溶剂。目前，已开发出水溶性支撑材料
熔融温度	低	具有较低的熔融温度，可以使材料在较低的温度挤出，提高喷头的使用寿命
流动性	高	由于支撑材料的成型精度要求不高，为了提高机器的扫描速度，要求支撑材料具有很好的流动性，相对而言，对于黏性的要求可以差一些

总而言之，FDM 对支撑材料的具体要求有能够承受一定的高温、与成型材料不浸润、具有水溶性或者酸溶性、具有较低的熔融温度、流动性要好等。

由于在加工过程中不涉及激光技术，整体设备体积较小，耗材获取较为容易，打印成本也相对较低，因此 FDM 技术路径是面向个人的 3D 打印机的首选技术。通过采用 FDM 技术的 3D 打印机，设计人员可以在很短的时间内设计并制作出产品原型，并通过实体对产品原型进行改进。与传统的计算机建模相比，FDM 技术能够真实地将实物展现在设计人员的面前。同时，FDM 技术也可以在各种文娱创意领域中广泛应用，能够满足人们对一些产品的个性化定制服务。随着人民生活水平的提高，这种需求将不断增加。随着 FDM 技术研究的不断加深，其相应的应用缺陷将得以改进，其应用范围将得到极大的拓展。

2.2 选择性激光烧结

1986 年美国德克萨斯大学奥斯汀分校的 C. R. Dechard 提出了选择性激光烧结（Selective Laser Sintering，SLS）的思想，并于 1989 年获得了第一个 SLS 技术专利。1992 年美国 DTM 公司推出商品化 SLS 成型机，同时开发出多种烧结材料，可直接制造蜡模、塑料、陶瓷和金属零件。该技术在新产品的研制开发、模具制造、小批量产品的生产等方面均具有广阔的应用前景，SLS 技术在短时间内得以迅速发展，已成为技术最成熟、应用最广泛的快速成型技术之一。图 2-5 所示为使用 SLS 成型工艺打印的产品模型。

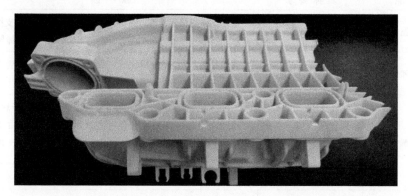

图 2-5 SLS 成型工艺打印的产品模型（图片来源：慧聪网）

2.2.1 选择性激光烧结的原理

选择性激光烧结（SLS）又称选区激光烧结，是以 CO_2 激光器为能源，利用计算机控制激光束对非金属粉末、金属粉末或复合物的粉末薄层，以一定的速度和能量密度按分层面的二维数据进行扫描烧结，层层堆积，最后形成成型件。SLS 技术集 CAD 技术、数控技术、激光加工技术和材料科学技术于一体，其工艺原理如图 2-6 所示。

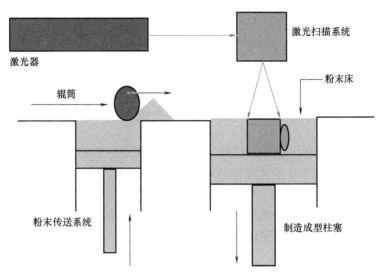

图 2-6　SLS 的工艺原理

整个工艺装置由四部分组成，包括粉末缸、成型缸、激光器、计算机控制系统。工作时，在计算机中建立所要制备试样的 CAD 模型，然后用分层软件对其进行处理得到每一加工层面的数据信息。成型时，设定好预热温度、激光功率、扫描速度、扫描路径、单层厚度等工艺条件，先在工作台上用辊筒铺一层粉末材料，由 CO_2 激光器发出的激光束在计算机的控制下，根据几何形体各层横截面的 CAD 数据，有选择地对粉末层进行扫描。在激光照射的位置上，粉末材料被烧结在一起，未被激光照射的粉末仍呈松散状，作为成型件和下一层粉末的支撑。粉末缸活塞（送粉活塞）上升，先在基体上用辊筒均匀铺上一薄层金属粉末，并将其加热至略低于材料熔点，以减少热变形，并利于与前一层面结合。然后，激光束在计算机控制光路系统的精确引导下，按照零件的分层轮廓有选择地进行烧结，使材料粉末烧结或熔化后凝固形成零件的一个层面，没有烧结的地方仍保持粉末状态，并可作为有悬臂的微结构下一层烧结的支撑。烧结完一层后，基体下移一个截面层厚，铺粉系统铺设新粉，计算机控制激光束再次扫描进行下一层的烧结。如此循环，层层叠加，就得到三维零件。最后将未烧结的粉末回收到粉末缸中，取出成型件，再进行打磨、抛光等后处理工艺，最终形成满足要求的原型或制件。其工艺流程如图 2-7 所示。

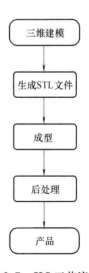

图 2-7　SLS 工艺流程

2.2.2 选择性激光烧结的特点

1. SLS 成型工艺的优点

同其他快速成型技术相比，SLS 具有以下优点：

1）可采用多种材料。从理论上讲，这种方法可采用加热时黏度降低的任何粉末材料，高分子材料粉末、金属粉末、陶瓷粉末、石英砂粉等都可用作烧结材料。

2）制造工艺简单。由于未烧结的粉末可对模型的空腔和悬臂部分起支撑作用，不必像 SLA 和 FDM 工艺那样另外设计支撑结构，因此可以直接生产形状复杂的原型及部件。

3）材料利用率高。未烧结的粉末可重复使用，无材料浪费，成本较低。

4）成型精度依赖于所使用材料的种类、粒径、产品的几何形状及其复杂程度等，原型精度可达 ±1%。

5）应用广泛。由于成型材料的多样化，可以选用不同的成型材料制作不同用途的烧结件，如制作用于结构验证和功能测试的塑料功能件、金属零件和模具、精密铸造用蜡模和砂型、砂芯等。

2. SLS 成型工艺的缺点

1）工作时间长。在加工之前，需要大约 2h 把粉末材料加热到临近熔点，在加工之后需要 5～10h 的冷却，之后才能从粉末缸里面取出原型制件。

2）后处理较复杂。SLS 技术原型制件在加工过程中，是通过加热并熔化粉末材料，实现逐层的粘接，因此制件的表面呈现出颗粒状，需要进行一定的后处理。

3）烧结过程会产生异味。高分子粉末材料在加热、熔化等过程中，一般都会产生异味。

4）设备价格较高。为了保障工艺过程的安全性，在加工室里面充满了氮气，所以设备成本较高。

3. SLS 技术的分类

（1）直接 SLS 技术　采用含有至少两种以上熔点成分的金属粉末（低熔点金属粉末作为粘结剂，高熔点金属粉末作为结构材料），通过大功率激光器扫描熔化低熔点成分，在表面张力作用下润湿并填充未熔化高熔点结构金属粉末颗粒间隙，然后将结构材料粘接起来，烧结成致密金属零件或者模具的方法。直接 SLS 成型材料主要有 Ni-Sn、Fe-Sn、Cu-Sn、Fe-Cu 与 Ni-Cu 等。

在国外，能够代表直接 SLS 技术先进水平的研究机构主要是德国的 EOS 公司。该公司不仅研究出拥有知识产权的 SLS 系统，而且开发了 SLS 专用金属材料，并进行了相关金属零件或者模具的制造。在国内，代表直接 SLS 技术先进水平的研究机构主要为南京航空航天大学。

（2）间接 SLS 技术　采用高分子聚合物材料作粘结剂（如 PA、PC、PEP 与 PMMA 等），通过激光束扫描熔化高分子材料将高熔点结构粉末粘接起来形成 SLS 原型件的方法。间接 SLS 金属复合材料包括高分子聚合物覆膜金属材料与高分子聚合物/金属混合复合材料。

在国外，代表间接 SLS 技术先进水平的研究机构主要为美国的 3D System 公司。在国内，代表间接 SLS 技术先进水平的研究机构主要有华中科技大学、北京隆源自动成型系统有限公司等。另外，南京航空航天大学、华南理工大学、西北工业大学、湖南大学、中北大学等也对间接 SLS 技术开展了研究，内容主要集中在 SLS 系统、材料、成形工艺、温度场与应力场仿真等方面。

2.2.3　选择性激光烧结用材料

烧结材料是 SLS 技术发展的关键环节，它对烧结件的成型速度、精度及其物理、力学性能有着决定性作用，将直接影响烧结件的应用，以及 SLS 技术与其他快速成型技术的竞争力。目前已开发出多种激光烧结材料，按材料性质可分为以下几类：金属基粉末材料、陶瓷基粉末材料、覆膜砂、高分子基粉末材料等。表 2-4 列出了几种 SLS 工艺常用的打印材料。

表 2-4　SLS 工艺常用的打印材料

种　类		适合物件	工　艺
金属基粉末材料	聚合物含粘结剂的金属粉末	密实的金属零件和金属模具	先制作初坯，再烧结除去粘结剂
	不含粘结剂的金属粉末	功能性的金属件和模具	直接激光器烧结
陶瓷材料	有机粘结剂	陶瓷型壳和工程陶瓷零件	经过脱脂，高温烧结
	无机粘结剂	—	烧结过程中粘接
	金属粘结剂	—	熔融粘接
覆膜砂	酚醛树脂等热固性树脂包覆膜砂、石英砂	用于制造金属铸件的砂型或砂芯	需对烧结件进行加热处理
高分子材料	蜡粉	粗糙铸件	—
	聚苯乙烯	作为原型件或功能件使用，也可用作消失模铸造用母模，生产金属铸件	—

（续）

种　类		适 合 物 件	工　艺
高分子材料	ABS	快速制造原型件及功能件	—
	PC	制造航空、医疗、汽车工业熔模铸造的金属零件用消失模以及制作各行业通用的塑料模	—
	聚酰胺 PA	制造功能性零件	—

SLS 技术作为一种最早投入应用的 3D 打印技术，从 20 世纪 80 年代产生到现在已在多个方面取得了长足进步。但是 SLS 工艺仍存在很多问题，SLS 成型设备的开发与改进，SLS 烧结机理、烧结工艺参数的确定及优化，后处理和热处理工艺的优化等是今后的研究重点。

2.3　立体光固化成型

1986 年美国 Charles WHull 博士在其一篇论文中提出使用激光照射光敏树脂表面，并固化制作三维物体的概念，之后 Charles WHull 申请了相关专利，同年便出现了 SLA 的雏形。SLA 是最早被提出并实现商业应用的成型技术。

2.3.1　立体光固化的原理

立体光固化成型技术（Stereo Lithography Appearance，SLA）主要以光敏树脂为打印材料，光敏树脂在相应波长的光源照射凝固成型，然后通过逐层固化，就可以得到完整的产品。基于 SLA 的 3D 打印机主要由三部分组成，分别是激光扫描振镜系统、光敏树脂固化成型系统和控制软件系统，其工艺原理如图 2-8 所示。

1. 激光扫描振镜系统的工作原理

激光器发射出一束激光光束，激光光束在扫描振镜的作用下实现扫描的功能。当接收到一个位置信号后，振镜会根据电压与角度的转换关系摆动相应的角度来改变激光光束的路径。然后激光光束通过反射镜反射，从而实现光路放大的功能，最终到达光敏树脂处。

2. 光敏树脂固化成型系统工作原理

在固化成型系统中，在相应波长光源的作用下，光敏树脂发生光聚合反应。控制软件系统对零件进行切片和路径规划，并控制激光按零件的二维截

面信息在基板上逐点进行扫描，被
扫描区域的光敏树脂在光源的作用
下发生光聚合反应而固化，从而形
成零件的一个切片层。在一层切片
层扫描固化完成后，控制软件系统
控制工作台上移一个层厚的距离，
在原先固化好的树脂表面再填充一
层液态光敏树脂，开始进行下一层
的扫描固化，新固化的切片层将牢
固地粘在上一层上，如此循环反复
即可完成整个零件的加工。

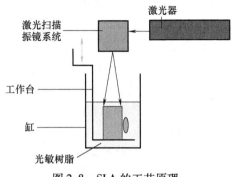

图 2-8　SLA 的工艺原理

3. 控制软件系统工作原理

控制软件系统主要完成零件的三维造型、切片、路径规划，主要目的是获
得直角坐标系下的数据信息，并控制 XY 振镜实现 X 轴、Y 轴的扫描，控制 Z 轴
电动机实现 Z 向位置控制。

如图 2-9 所示，SLA 成型技术的具体工艺过
程如下：

1）通过 CAD 设计出三维实体模型，利用离
散程序将模型进行切片处理，设计扫描路径，产
生的数据将精确控制激光扫描器和升降台的运动。

2）激光光束通过数控装置控制的扫描器，
按设计的扫描路径照射到液态光敏树脂表面，使
表面特定区域内的一层树脂固化。当一层加工完
成后，就生成零件的一个截面。

3）升降台下降一定距离，固化层上覆盖另
一层液态树脂，再进行第二层扫描，第二层牢固
地粘接在前一层上，这样一层层叠加最终形成三
维工件原型。

4）将原型从树脂中取出后，进行最终固化，
再经抛光、电镀、喷漆或着色处理即得到产品。

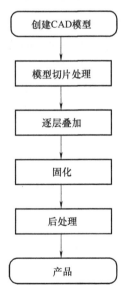

图 2-9　SLA 成型技术
的工艺过程

2.3.2　立体光固化的特点

1. SLA 的优点

1）光固化成型法是最早出现的快速原型制造工艺，经过了时间的检验，成
熟度较高。

2）由 CAD 数字模型直接生产原型，加工速度快，生产周期短，无须切削工具与模具。

3）能够加工结构外形复杂或使用传统手段难于成型的原型和模具。

4）采用 CAD 数字模型，更直观，降低错误修复的成本。

5）为试验提供试样，可以对计算机仿真计算的结果进行验证和校核。

6）可联机操作和远程操作，便于生产自动化。

2. SLA 的缺点

1）SLA 系统造价昂贵，使用和维护成本过高。

2）SLA 系统是对液体进行操作的精密设备，对工作环境要求苛刻。

3）成型件多为树脂类，强度、刚度、耐热性有限，不利于长时间保存。

4）预处理软件与驱动软件运算量大，与加工效果关联性太高。

5）软件系统操作复杂，入门难度较大，使用的文件格式不为广大设计人员所熟悉。

2.3.3 主体光固化用打印材料

根据 SLA 的工艺原理和原型制件的使用要求，SLA 技术使用的材料要求具有黏度低、流平快、固化速度快且收缩小、溶胀小、无毒副作用等性能特点。

用于光固化快速成型的材料为液态光固化树脂，或称液态光敏树脂。目前应用的光敏树脂种类很多，其成分也各不相同。典型的 SLA 用光敏树脂成分见表 2-5，主要包括低聚物、光引发剂、稀释剂和其他物质。

表 2-5　SLA 用光固化树脂成分

组成成分	作　用	常用类型
低聚物	光敏树脂的主要成分，具有加快固化、减少收缩、调节黏度等作用	丙烯酸酯类、不饱和聚酯类
光引发剂	促进低聚物聚合反应的发生	紫外线光引发剂
稀释剂	调节体系黏度	乙烯基类和丙烯酸酯类
其他物质	使光敏树脂满足特定的需求	颜料、填料、消泡剂、流平剂、阻聚剂、抗氧剂等

在快速成型方法中，SLA 使用较为广泛。SLA 凭借其方便、生产周期短的优势，在铸造、模具和塑料加工行业得到更加广泛的应用。当前，研究光固化成型（SLA）设备的单位有美国的 3D Systems 公司、Aaroflex 公司，德国的 EOS 公司、F&S 公司，法国的 Laser 3D 公司，日本的 SONY/D-MEC 公司、Teijin Seiki

公司、Denken Engieering 公司、Meiko 公司、Unipid 公司、CMET 公司，以色列的 Cubita 公司；国内主要有西安交通大学、华中科技大学、上海联泰科技有限公司等单位。随着人们对快速成型（RP）技术的深入了解，各种快速成型工艺将在最适合自己的领域内发挥作用，SLA 以其出色的精度，将在非金属材料的高端快速成型领域内保持领先。

2.4　三维打印黏结成型

喷墨粉末打印是美国麻省理工学院 Emanual Sachs 等人最初提出的，于 1989 年进行了该技术的专利申请，并获得批准。1993 年，Emanual Sachs 的团队开发出基于喷墨技术与 3D 打印成型工艺的 3D 打印机，并于 1997 年成立了 Z Corporation公司，开始系列化生产该类型 3D 打印成型机。喷墨粉末打印技术改变了传统的零件设计模式，真正实现了由概念设计向模型设计的转变，图 2-10 所示为喷墨粉末打印技术打印的全彩汽车组件。

图 2-10　喷墨粉末打印技术打印的全彩汽车组件（图片来源：Z Corp 公司官网）

2.4.1　三维打印黏结成型的原理

喷墨粉末打印（Inkjet Powder Printing）也称为 3D 打印黏结成型（Three Dimensional Printing and Gluing）、黏合喷射（Binder Jetting）。从工作方式来看，三维印刷与传统二维喷墨打印最接近。喷墨粉末打印设备的工作原理（见图 2-11）与喷墨打印机类似，不过喷出的不是墨水，而是粘结剂，将平台上的粉末在粘结剂作用下粘接成型，通常用石膏粉作为成型材料。

喷墨粉末打印技术是一个涉及 CAD/CAM 技术、数据处理技术、材料技术、激光技术和计算机软件技术等的多学科交叉的系统工程，其成型工艺过程包括模型设计、分层切片、数据准备、打印模型和后处理等步骤。

喷墨粉末打印具体工作过程如下：

1）采集粉末原料。

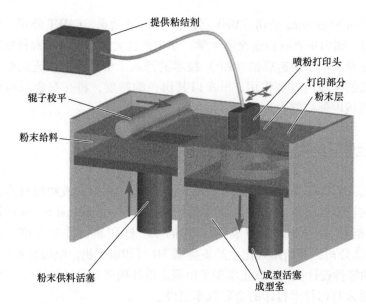

图 2-11　3DP 成型工艺原理（图片来源：中国 3D 打印网）

2）将粉末铺平到打印区域。

3）打印机喷头在模型横截面上定位，喷粘结剂。

4）送粉活塞上升一层，实体模型下降一层以继续打印。

5）重复上述过程直至模型打印完毕。

6）去除多余粉末，固化模型，进行后处理操作。

2.4.2　三维打印黏结成型的特点

1. 优点

1）无须激光器等高成本元器件，成本较低，易操作易维护。

2）加工速度快，可以 25mm/h 的垂直构建速度打印模型。

3）可打印彩色原型，无须后期上色。

4）无支撑结构。与 SLS 一样，粉末可以支撑悬空部分，而且打印完成后，粉末可以回收利用，环保且节省开支。

5）耗材和成形材料的价格相对便宜，打印成本低。

2. 缺点

1）多采用石膏作为成型材料。因石膏强度较低，不能做功能性材料。

2）表面手感略显粗糙，这是以粉末作为成型材料的工艺都有的缺点。

2.4.3　三维打印黏结成型用材料

喷墨粉末打印的材料选择范围较广，从理论上来讲，任何可以制成粉末的材料都可以用喷墨粉末打印工艺成型。

目前，喷墨粉末打印技术所采用的打印原材料主要有石膏粉末、砂子、金属粉末、陶瓷粉末、复合材料粉末等，见表 2-6。其成型粉末需要具备材料成型性好、成型强度高、球形度高、尺寸分布均匀、不易团聚、滚动性好、密度和孔隙率适宜、干燥硬化快等性能。成型粉末部分主要有填料、粘结剂、添加剂等组成。

表 2-6　3DP 打印所用材料

类　型	性能要求	特　点	应　用
石膏粉末	根据所使用打印机类型及操作条件的不同，粉末粒径可从 $1\mu m$ 到 $100\mu m$ 选择，成型性能要好	价格低廉、环保安全、成型精度高	生物医学、食品加工、工艺品等领域
陶瓷粉末		硬度高、强度高、耐高温	航空航天、电子产品、医学等领域
金属粉末		纯度高、高性能	航空航天、国防等重大领域

目前 3DP 技术采用较多的金属材料见表 2-7。

表 2-7　3DP 技术常用的金属打印材料

类　型	牌号举例	应　用
铁基合金	316L、GPI（17-4PH）、PHI（15-5PH）、18Ni300（MSI）	模具、刀具、管件、航空结构件
钛合金	CP-Ti、Ti6Al4V、Ti6242、TA15、TC11	航空航天
镍基合金	IN625、IN718、IN738LC	密封件、炉辊
铝合金	AlSi10Mg、AlSi12、6061、7050、7075	飞机零部件、卫星

首先，相对其他条件而言，粉末的粒径尤其重要，粒径小的颗粒可以提供相互间较强的范德华力，但滚动性较差，且打印过程中易扬尘，导致打印头堵塞；大的颗粒滚动性较好，但是会影响模具的打印精度。根据所使用打印机类型及操作的条件不同，粉末的粒径分布在 $1 \sim 100\mu m$ 范围。

其次，需要选择能快速成型且成型性能较好的材料。可选择石英砂、陶瓷粉末、石膏粉末、聚合物粉末（如聚甲基丙烯酸甲酯、聚甲醛、聚苯乙烯等）、金属氧化物粉末（如氧化铝等）和淀粉等作为材料的填料主体。

再次，选择与之配合的粘结剂能够快速成型。加入部分粉末粘结剂如聚乙烯醇、纤维素（如聚合纤维素、碳化硅纤维素等）、麦芽糊精等，可起到加强粉末成型强度的作用，加入胶体二氧化硅可以使得液体粘结剂喷射到粉末上时迅速凝固成型。

最后，成型材料除填料和粘结剂两个主体部分外，还需要加入一些粉末助剂调节其性能，比如加入氧化铝粉末、可溶性淀粉、滑石粉等固体润滑剂来增加粉末滚动性，有利于铺粉层厚度均匀。

与其他快速成型技术一样，喷墨粉末打印快速成形技术除了用于产品的概念原型与功能原型件制作外，还因其独特的成形特点，在生物医学工程、制药工程和微型机电制造等领域有着广阔的应用前景。

2.5　电子束熔化成型

电子束熔化成型（Electron Beam Melting，EBM）是金属增材制造的另一种方式，由瑞典的 Arcam 公司发明。最初技术来源于电子束焊接技术。电子束焊接是利用高能电子束在真空或者接近真空的环境中，直接熔融焊接材料体。电子束具有快速熔化、可数字控制扫描、可快速移动的特点。利用电子束快速扫描形成成型的熔融区，用金属丝按电子束扫描线步进放置在熔融区上，电子束熔融金属丝形成熔融金属沉积，这种技术叫作电子束熔化成型（EBM）。20 世纪 90 年代美国麻省理工学院和普拉特·惠特尼集团公司联合研发了这一技术，并利用它加工出大型涡轮盘件。

2.5.1　电子束熔化成型的原理

通过激光烧结或粘结剂喷射技术生产的金属物体都非常坚固，然而它们形成的物体并不是 100% 的致密。电子束熔化工艺解决了这个难题，该技术与 SLM 原理相似，区别在于采用的热源不是激光，而是在一个高度真空的打印腔中采用电子束来完成对金属粉末的熔融。通过高速电子轰击金属粉末产生的动能转化成热能来熔化金属粉末，如图 2-12 所示。

位于真空腔顶部的电子束枪生成电子束。电子枪是固定的，而电子束则可以受控转向，从而到达整个加工区域。电子从一个丝极发射出来，当该丝极加热到一定温度时，就会发射电子。电子在一个电场中被加速到光速的一半，然后通过两个磁场对电子束进行控制。第一个磁场扮演电磁透镜的角色，将电子束聚焦到期望的直径。然后第二个磁场将已聚焦的电子束转向到工作台上所需的工作点。

在电子束开始扫描熔化第一层金属粉末之前，成型仓内的铺粉耙将供粉缸中所用的材料按第一层的高度均匀地铺放于成型基板上；铺粉结束后，电子枪发射出电子束，按三维模型的第一层截面轮廓分层信息有选择地扫描熔化金属粉末，粉末经电子束扫描后迅速熔化、凝固，电子束每扫过一次，将被扫过区

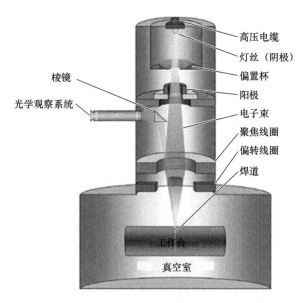

高压电缆

灯丝（阴极）

偏置杯

棱镜

阳极

光学观察系统

电子束

聚焦线圈

偏转线圈

焊道

工作台

真空室

图 2-12　EBM 的技术原理

域的粉末熔化，每扫完一次就重新铺粉，再按照新一层的形状信息通过数控成型系统控制电子束将成型材料（如粉体、条带、板材等）逐层熔融堆积，从而使层与层之间黏合在一起，最终可以得到预期功能的形状和结构复杂的零件。

　　目前，EBM 最常用的领域是以钛合金为原材料的成型技术，如图 2-13 所示。EBM 法制备 Ti-6Al-4V 合金的基本过程：在 EBM 开始之前，首先将成型基板（7）平放于粉床上，铺粉耙（5）将供粉缸（4）中的金属粉末均匀地铺放于成型基板上（第一层），由电子枪（1）发射出电子束，经过聚焦透镜（2）和反射板（3）后投射到粉末层上，根据设定零件模型的第一层截面轮廓信息有选择地烧结熔化粉层某一区域，以形成零件在一个水平方向的二维截面；随后成型缸活塞下降一定距离，供粉缸活塞上升相同距离，铺粉耙将第二层粉末铺平，电子束开始依照零件第二层 CAD 信息扫描烧结粉末；如此反复逐层叠加，最终可以得到预期功能的形状和结构复杂的零件（6）。零件制备结束后，小心地将制件取出，利用吹粉设备对取出的制件进行处理，然后再对制件进行相应的处理，如剥离、固化、打磨、后期修理等。

2.5.2　电子束熔化成型的特点

　　1. EBM 技术的优点

　　EBM 成型技术具有高效性、高纯度、原材料高利用率、均匀致密化和可加工传统工艺不能加工的材料等优点。

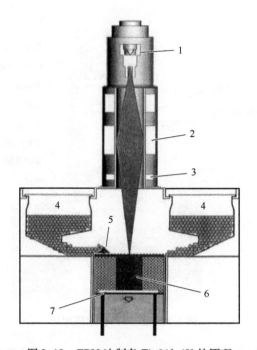

图 2-13 EBM 法制备 Ti-6Al-4V 的原理

1—电子枪　2—聚焦透镜　3—反射板　4—供粉缸　5—铺粉耙　6—制造实体　7—成型基板

（1）高效性　如果一次加工很多个零件时，EBM 系统主程序会控制电子枪，将电子枪发射的电子束分成几束，这些电子束同时进行扫描，迅速地熔化多个区域，同时保持两个以上的工作区域熔化，以保证高工作效率。与单电子束扫描相比，在扫描每一层时，缩短扫描时间，因此具有高效性。

（2）高纯度　在 EBM 设备运行之前进行抽真空，整个加工过程都是在真空环境下进行的，并充以惰性保护气体氩气加以保护，避免在 EBM 设备运行过程中出现粉末被氧化的情况。在设备运行结束后，几乎没有产生相关的氧化物，对原材料污染较低。

（3）原材料高利用率　EBM 设备制备零件结束时，成型台会自动下降直到与散热器接触，散热器把热量从零件传递到腔壁来减少冷却所需要的时间，然后取出物体，对物体进行一系列的清理，将物体中的残留粉末清理干净，被快速清理出的粉末可以回收，有待下次使用。

（4）均匀致密化　材料的致密度受到粉末粒子流动能力、材料构建策略等多个因素共同影响，EBM 通常能更好地实现材料的均匀致密化。

（5）加工传统工艺不能加工的材料　由于 TiAl 基合金具有室温脆性和加工性能差的缺点，传统加工制备方法难以满足工程需要。在这种情况下，EBM 作为一种制备 TiAl 基合金的成型工艺。

2. EBM 技术的局限性

EBM 技术作为新型精准化快速制造金属零件的先进制造技术之一目前还不算成熟，存在一些局限性。

（1）打印使用的原材料范围有限　目前 EBM 成型技术所采用的原材料主要集中在纯钛、Ti-6Al-4V 及 Ti2448 等钛合金材料，在其他金属材料上的应用还不成熟。

（2）表面质量不高　EBM 制备的样品虽然可以制备形状复杂的零件，但是如果对零件表面质量要求较高的话，这些零件的表面质量并不能满足要求，必须进一步加工。

（3）打印尺寸受限　EBM 设备目前制造零件尺寸有限，大尺寸制件还不适合 EBM 设备制造。

（4）打印设备要求高　打印时需要真空，所以机器需配备另一个系统而且需要维护，增加成本。

（5）打印过程中出现污染　电子束的操作过程会产生 X 射线。

2.5.3　电子束熔化成型用材料

EBM 的打印材料一般为多金属混合粉末合金材料，如目前主流的 Ti6Al4V、钴铬合金、高温铜合金等。这些材料具有一些独有的特征，如高温铜合金就具有高相对强度、极好的高温强度、极好的导热性、好的抗蠕变性等特征，在高热焊剂方面有潜在应用。

目前已经商业化应用的 EBM 材料有：CoCrMo 合金、纯铜、纯铁、316L 不锈钢、H13 工具钢、金属铌、钛合金、镍基合金、TiAl 基合金。表 2-8 所列为 EBM 打印材料主要适合打印的部件。

表 2-8　EBM 打印材料主要适合打印的部件

种　　类	适用部件
工具钢和马氏体钢	航空航天、高强度机身部件和赛车零部件
不锈钢	用于航空航天、石化、化工、食品加工、造纸和金属加工业
钛合金	直接制造钛合金大型零部件
高温合金	火箭发动机喷嘴、飞机涡轮发动机和陆基涡轮机
镁合金	汽车以及航空器组件

 **扩展阅读**

除了 EBM 本身的技术发展外，又延伸发展了相关的电子束直接制造技术。电

子束直接制造（EBDM，Electron Beam Direct Manufacturing）技术是美国 Sciaky 公司于 2009 年开发的一种新技术，其技术原理如图 2-14 所示。与之前介绍的电子束熔化技术（EBM）不同，EBDM 技术的独到之处在于它将打印材料直接送进打印头，用电子束直接在机头熔融和打印材料。EBDM 技术可以说是一滴一滴地打印金属物品的，其物品制作的精度和质量都非常高，更重要的是它基本不产生任何废料，从而可节省了大量的原材料，这对降低生产成本有非常大的作用。

图 2-14　EBDM 的技术原理（图片来源：thre3d.com）

　　美国计划用 EBDM 来生产第五代隐形战斗机 F35 的多个零件，现在已经开始在进行各种苛刻的检测。假设生产 3000 架 F35 战斗机，仅采用 EBDM 技术制造副翼这一个零件（见图 2-15）就能节省 1 亿英镑。很多钛合金零件都有希望采用 EBDM 技术，这项技术将是在不牺牲质量的情况下降低成本的关键。目前 EBDM 技术可以直接生产的金属包括钛、钽、铟镍合金等。

　　EBM 技术的出现对于各个领域来说都是一次巨大的变革，它不仅弥补了传统工艺的不足，而且使曾经无法制备的复杂形状的金属制品成为可能。虽然 EBM 技术只适合于生产小数量、小体积的零件，在应用过程中依然存在许多目前解决不了的问题，但是 EBM 成型技术仍然具有很多优点，非常适合于新产品的开发，且制作出来的产品是清洁绿色的。未来 EBM 成型技术无论是从原材料上还是工艺上都会越来越成熟。

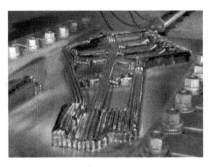

图2-15 采用 EBDM 技术制造 F35 战斗机的副翼（图片来源：Sciaky 公司官网）

2.6 叠层实体制造

叠层实体制造（Laminated Object Manufacturing，LOM）又称薄形材料选择性切割，是快速成型领域最具代表性的技术之一。LOM 工艺适合制作大中型原型件，翘曲变形较小，成型时间较短，激光器使用寿命长，制成件有良好的力学性能，适合于产品设计的概念建模和功能性测试零件。由于制成的零件具有木质属性，尤其适合于直接制作砂型铸造模。图 2-16 所示为用 LOM 工艺打印的汽车模型。

图 2-16 用 LOM 工艺打印的汽车模型（图片来源：南极熊 3D 打印网）

2.6.1 叠层实体制造的原理

LOM 技术的成型原理是采用激光器按照 CAD 分层模型所获得的数据，用激光束将单面涂有热熔胶的薄膜材料的箔带切割成原型件某一层的内外轮廓，再通过加热辊加热，使刚切好的一层与下面切好的层面粘接在一起，通过逐层切割、粘合，最后将不需要的材料剥离，得到产品原型。LOM 工艺采用薄片材料，如纸、塑料薄膜等。片材表面事先涂覆上一层热熔胶。加工时，热压辊热压片材，使之与下面已成型的工件粘接；用 CO_2 激光器在刚粘接的新层上切割出零件截面轮廓和工件外框，并在截面轮廓与外框之间多余的区域内切割出上下对齐的网格；激光切割完成后；工作台带动已成型的工件下降，与带状片材（料带）分离；供料机构转动收料轴和供料轴，带动料带移动，使新层移到加工区域；工作台上升到加工平面；热压辊热压，工件的层数增加一层，高度增加一个料厚，再在新层上切割截面轮廓。如此反复直至零件的所有截面粘接、切割完，得到分层制造的实体零件。其工艺原理如图 2-17 所示。

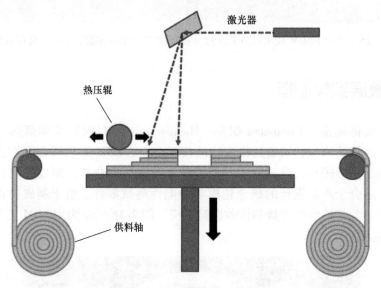

图 2-17 LOM 技术的工艺原理

图 2-18 所示为 LOM 的工艺流程，CAD 模型的形成与一般的 CAD 造型过程没有区别，其作用是进行零件的三维几何造型。利用这些软件对零件造型后，还能够将零件的实体造型转化成易于对其进行分层处理的三角面片造型格式，即 STL 格式。

模型 Z 向离散（分层）是一个切片的过程，它将 STL 文件格式的 CAD 模型根据有利于零件堆积制造而优选的特殊方位，横截成一系列具有一定厚度的薄层，得到每一切层的内外轮廓等几何信息。

层面信息处理就是根据经过分层处理后得到的层面几何信息，通过层面内外轮廓识别及料区的特性判断等，生成成型机工作的数控代码，以便成型机的激光头对每一层面进行精确加工。

层面粘接与加工处理就是将新的切割层与前一层

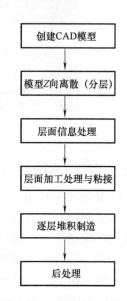

图 2-18 LOM 的工艺流程

进行粘接，并根据生成的数控代码，对当前面进行加工，它包括对当前面进行截面轮廓切割以及网格切割。

逐层堆积是指当前层与前一层粘接且加工结束后，使零件下降一个层面，送纸机构送上新的纸，成型机再重新加工新的一层。如此反复，直到加工完成。

后处理是对成型机加工完的制件进行必要的处理，如清理掉嵌在加工件中不需要的废料等。余料去除后，为了提高产品表面质量或进一步地翻制模具，就需要相应的后置处理，如防潮、防水、加固以及打磨产品表面等，只有经过必要的后置处理才能达到尺寸稳定性、表面质量、精度和强度等相关技术的要求。

2.6.2　叠层实体制造的特点

1. LOM 的优点

与其他方法相比，LOM 技术由于其在空间大小、原材料成本、机加工效率等方面独特的优点，因此得到了广泛的应用。其优势具体表现在以下几个方面：

1）LOM 工作原理简单，一般不受工作空间的限制，从而可以采用 LOM 技术制造较大尺寸的产品。

2）相对于其他快速成型技术，LOM 技术加工中以面为加工单位，因此这种加工方法有最高的加工效率。

3）由于 LOM 工艺只需在片材上切割出零件截面的轮廓，而不用扫描整个界面，因此工艺简单，成型速度快，易于制造大型零件。

4）工艺工程中不存在材料相变，因此不易引起翘曲、变形，零件的精度较高。

5）工件外框与截面轮廓之间的多余材料在加工中起到了支撑作用，所以LOM 工艺无需加支撑。

6）材料广泛，成本低，用纸质原料有利于环保。

2. LOM 的缺点

其缺点主要体现在以下几个方面：

1）有激光损耗，并且需要建造专门的实验室，维护费用高。

2）可以应用的原材料种类较少，目前常用的还是纸，其他材料的应用还在研发中。

3）打印出来的模型必须立即进行防潮处理，纸制零件很容易吸湿变形，所以成型后必须用树脂、防潮漆涂覆。

4）此种技术很难构建形状精细、多曲面的零件，仅限于结构简单的零件。

5）制作时，加工室温度过高，容易引发火灾，需要专门的人看守。

2.6.3　叠层实体制造用材料

LOM 的打印材料一般由薄片材料和粘结剂两部分组成。根据对原型性能要求的不同，薄片材料可分为纸片材、金属片材、陶瓷片材、塑料薄膜和复合材料片材。用于 LOM 纸基的热熔性粘结剂按基体树脂类型分，主要有乙烯-乙酸乙烯酯共聚物型热熔胶、聚酯类热熔胶、尼龙类热熔胶或其混合物。

LOM 工艺采用的原料价格便宜，因此制作成本极为低廉，它适合于大尺寸工件的成型，成型过程无须设置支撑结构，多余的材料也容易剔除，精度也比较理想。因此，LOM 技术是一种应用广泛、极具发展前景的技术。随着技术的不断创新与完善，LOM 将在产品制造方面发挥重要的作用。同时，LOM 技术作为多学科交叉的专业技术，其本身的发展也将推动相关技术、产业的发展。

2.7　微滴喷射技术

一百多年前，比利时物理学家 J. A. F. Plateau 和英国物理学家 Lord Rayleigh 提出了微滴喷射原理并加以概括。他们分别于 1856 年和 1878 年发表了有关文章，喷射技术是将流体滴化并以微滴的形式喷射出去，每完成一次喷射过程就会喷出一定体积的流体材料，微滴在喷射的过程中实现一定的功能。该技术从被提出以来很少得到真正的应用，直到 1946 年，Clarence 才根据微滴喷射的理论基础，发明了世界上第一个压电式按需喷射喷头——由超声波驱动的喷射器。基于这个原理，在 1993 年 EPSON 公司发明了压电式喷墨打印机。随着喷头的不断进步，微滴喷射技术的应用范围也迅速扩大，不仅有了各种各样的二维微滴喷射自由成形系统，而且还出现了三维微滴喷射自由成型系统，应用范围也从工业领域扩大至办公室、家庭和生物医学工程等领域。

2.7.1　微滴喷射的原理

微滴喷射 3D 打印属于一种新型的 3D 打印成型方式。其成型过程是用周期性的外界驱动所产生的压力驱使墨水以微细液滴的形式从微喷腔的喷嘴末端处周期性喷出，层层叠加，从而形成三维实体，其中熔滴按需喷射沉积成形原理如图 2-19 所示。所谓微细液滴指的是喷射的液滴尺寸可精确控制至微米数量级的水平，其体积可控制在微升（μL）、纳升（nL）、皮升（pL），甚至是飞升（fL）数量级水平。目前，运用微滴喷射技术最为成熟的实用技术之一就是喷墨打印机，它已经实现在二维状态上的自由成型。

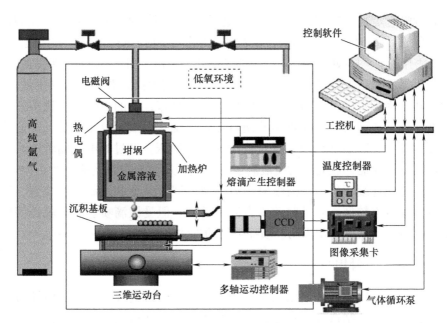

图 2-19 熔滴按需喷射沉积成型原理

2.7.2 微滴喷射的特点

1. 分辨率高

主要体现在制品成型精度的分辨率，而它取决于喷射成滴的大小。影响微滴尺寸的主要有喷嘴直径、喷射材料属性、喷射量的控制等因素。随着喷墨打印技术的发展，微滴喷射技术已经可以实现喷射飞升级级的液滴，分辨率可高达 1000dpi 以上（dpi 为每 25.4mm 长度内喷射的液滴数目）。

2. 喷射频率高

现有较成熟的喷射用喷头，如点胶机所用胶体喷射喷头，频率可高达几百赫兹，理论上可实现快速喷射打印。

3. 喷射液滴高精度可控

在已有的微滴喷射设备系统中，液滴直径可控制在几十微米的数量级，并且具有高度均一性，可用于精密图文打印和三维图形的喷射成型。

4. 尺寸小，集成度高

以现有压电式喷头举例，500 个喷嘴的总体尺寸仅为 110mm×94mm×39.7mm。

5. 可用材料广泛

可用于喷射的材料有溶液、熔体、悬浮液、胶体等。此外可以实现多种材料同时打印，多色彩打印一体成型。

微滴喷射 3D 打印技术，依据喷射液滴的形态，喷射系统可分为连续式和按需式。连续喷射是通过在液体腔内施加恒定压力，使得腔体内流体从喷嘴以较高速度形成射流，在流体腔内扰动或者在表面张力作用下射流断裂成滴。按需喷射是液体在外力作用下，打破喷口附近的平衡状态，形成射流，同时控制射流断裂成滴。

连续微滴喷射方式可以产生高速液滴，喷射速度高，并且微滴产生效率高，能够应用于多种水溶性材料，广泛应用于彩色打印，它的工作速度比按需喷射模式快。而它较为明显的缺点是液滴直径难以细化，成型分辨率低，微滴喷射模式结构复杂，需增加加压装置对待喷射溶液加压，经过充电、偏转电场以控制液滴方向，还需回收装置对废液滴进行收集，从而造成微滴喷射的可控性差、成本高。相比连续喷射，按需喷射不需要液滴回收装置和液滴偏转装置，结构比较简单，成本较低，并且驱动压力波形可调。但受微滴喷射频率较低等因素的影响，按需喷射式通常采用多喷嘴喷射的方法来提高微滴产生效率。

2.7.3 微滴喷射用材料

均匀液滴喷射成型是采用快速成型原理，无须刀具或制模，从而缩短了制造周期，与其他微制造方法相比，液滴的快速固化使得制件的微结构性能有很大程度的改进。相比其他快速成型技术，它突破了材料上的限制，不仅可以成型低熔点非金属材料，而且可以成型高熔点的金属材料。适合成型原材料广泛，可喷射自行设计或选择由聚合物、金属或陶瓷等构成的溶液、胶体、悬浮液、浆料或熔融体。目前用于微滴喷射技术上的材料有各种热塑性塑料、水、石蜡、生物医学材料以及金属等。

目前微滴喷射技术主要应用于喷射点胶、材料成型、生物医药、航空航天、微电子封装、微电子机械制造、基因工程、建筑工程等领域。国外对于微滴喷射技术研究起步较早，国内掌握该技术前沿的多为高校，如华中科技大学、清华大学、西北工业大学、西安交通大学、哈尔滨工业大学和南京师范大学等。微滴喷射3D打印技术具有喷射材料范围广、无约束自由成型和无须昂贵专用设备等优势，是一种极具发展潜力的增材制造技术，随着高新技术的迅猛发展，该技术将发挥越来越重要的作用。

 扩展阅读

近年来，国际、国内的研究机构在增材制造技术的理论和工艺方面，又取得了一些新的突破，不断涌现出新型的材料、工艺和相关应用。以下列举一些新型的增材制造工艺。

1. 微纳尺度增材制造

日本大阪大学制作的长 $10\mu m$、高 $7\mu m$ 的纳米牛，采用飞秒激光超短脉冲，在非常小的空间区域内，产生很高密度的光子，形成双光子吸收条件，触发材料发生固化转变。这项技术有可能会在增材制造技术的加工尺度方面突破极限，促进增材制造技术的高端发展。

2. 低温沉积制造技术

清华大学在冰点以下挤出溶液进行沉积，制作孔隙约400nm的孔，由此开发了低温沉积制造技术。在低温的环境下挤出的溶液发生热致相分离，之后溶剂和成型材料分离并冷冻凝结，然后经冷冻干燥，抽干溶剂，即可形成孔隙尺寸约10μm的微孔。该技术为增材制造技术在制作多级分孔结构方面提供了参考，解决了高孔隙率和结构强度之间的矛盾。

3. 细胞三维结构增材制造

细胞立体喷印技术使人们把制造科学的对象从无生命的材料转化为有生命的材料。清华大学研究了细胞三维受控组装技术，基于纤维蛋白原和海藻酸钠水凝胶这两种基质材料体系，开发了分布复合交联工艺，构建了具有分级结构的细胞三维结构体，实现了三维开放结构的成型制造。该技术已成功受控组装了多种细胞，包括心肌细胞、滋养细胞、内皮细胞、纤维细胞、软骨细胞、肝细胞及脂肪干细胞等。

4. 高效增材制造的复合沉积

增材制造为了获得较高的成型精度，往往需要牺牲成型效率。目前，成型效率较高的激光近净成型技术也只能达到几kg/h的制造速度。20世纪60年代末提出的喷射成型技术是一种将液态金属雾化与熔滴沉积结合起来的近净成型技术，成形效率可达1t/h。由于喷射成形的组织容易产生孔隙，致密度不足，性能不稳定，该技术的发展与应用受到极大限制。清华大学提出了一种将喷射成形和激光近净成型结合的复合沉积成型新设想，利用喷射成型的高效沉积，通过激光扫描重熔沉积层，消除孔隙，以保证零件的高性能。

 本章小结

本章学习了3D打印工艺的相关基本知识，了解了3D打印的技术工艺。重点学习了3D打印的七种主流工艺，明白了七种工艺的基本原理，掌握了七种主流工艺的工艺特点和适用的成型材料，了解了3D打印七种主流工艺的发展前景。

 课后练习

1. 总结概括3D打印主流工艺的优缺点。
2. 总结概括几大主流工艺应用的区别。

第 3 章　典型3D打印设备介绍

教学要点

知识要点	学习目标	相关知识
3D 打印机分类	了解 3D 打印机的分类方法	3D 打印机常见分类方法 不同类型的 3D 打印机
典型 3D 打印设备的原理、技术规格和应用领域	掌握典型 3D 打印设备的基本原理、打印材料和应用领域	典型 3D 打印设备 典型 3D 打印设备的原理 典型 3D 打印设备的打印材料、应用领域

课前准备

　　3D 打印机对很多人来说是熟悉而又陌生的，或许我们了解它的工作原理，懂得操作方法，但对如何选择却知之甚少。如今市面上生产3D 打印机的厂家越来越多，机器的类型也是形形色色，不拘一格，掌握3D 打印机的分类和3D 打印机的相关参数就显得非常重要。

　　那么3D 打印机是如何分类的呢？不同类型的3D 打印机如何选择打印材料，又适用于哪些领域？同学们带着这些问题，开始本章内容的学习吧。

3.1　3D 打印机的分类

　　3D 打印机的分类有很多种，比如根据打印机的大小、打印机成型原理、打印尺寸的精度、制造领域的不同等进行分类。3D 打印机的常见分类方法如图 3-1 所示。

3.1.1　根据打印机的大小分类

　　根据打印机的大小可以将 3D 打印机分成两种，一种是桌面级 3D 打印机，

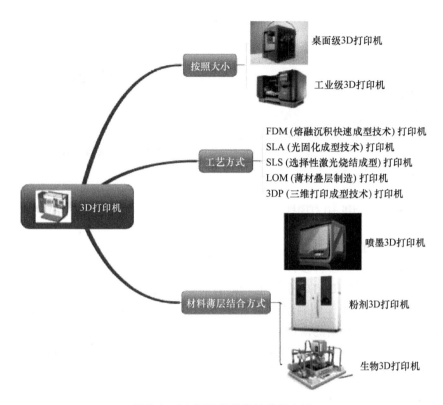

图 3-1 3D 打印机的常见分类方法

另一种是工业级 3D 打印机。

桌面级 3D 打印机（见图 3-2）加工产品的尺寸一般较小。目前大部分使用的是 FDM 技术。

工业级 3D 打印机（见图 3-3）通常可加工超大尺寸的产品，常用来打印一些零部件和模具，其工艺不同，使用的材料也各不相同。工业级 3D 打印机一般使用 SLS、3DP 等技术，如 Objet 1000、Zprinter 系列的设备，主要应用于汽车、国防、航空航天、工业机械、消费品、家电等工业领域。

3.1.2 根据打印机的成型原理分类

根据打印机成型原理的不同，将 3D 打印机分为 FDM 打印机、SLS 打印机、LOM 打印机、SLA 打印机、喷墨粉末打印机等。

3.1.3 根据材料薄层结合的方式不同分类

根据 3D 打印机打印时材料的薄层结合方式的不同，将 3D 打印机分为喷墨3D 打印机、粉剂 3D 打印机、生物 3D 打印机三种。

图 3-2 桌面级 3D 打印机

图 3-3 工业级 3D 打印机

1. 喷墨 3D 打印机

薄层结合的方式多种多样，部分 3D 打印机采用喷墨打印机的工作原理进行打印（图 3-4）。某 3D 打印企业生产的打印机的成型过程为利用喷墨头在一个托盘上喷出超薄的液体塑料层，经紫外线照射凝固，同时托盘略微降低，在原有薄层的基础上添加新的薄层。

另一种方式是熔融沉积成型。具体过程是在一个机头里面将塑料熔化，然后喷出丝状材料来构成一层层薄层。

2. 粉剂 3D 打印机

粉剂 3D 打印机（图 3-5）利用粉剂作为打印材料，这些粉剂在托盘上被分布成一层薄层，而后在喷出的液体粘结剂的作用下凝固。在激光烧结过程中，通过激光的作用将这些粉剂熔融成想要的样式。有的打印机是通过真空中的电子束将打印机中的粉末熔融在一起，用于 3D 打印。目前，用于 3D 打印的材料种类很广泛，从金属、陶瓷、塑料到橡胶等材料都可用作打印材料。

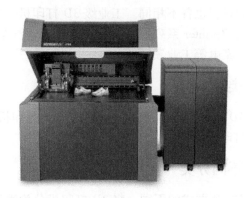

图 3-4 喷墨 3D 打印机

图 3-5 粉末 3D 打印机

3. 生物3D打印机

生物3D打印机如图3-6所示。有些研究人员开始使用3D打印机去复制像皮肤、肌肉、血管等一些简单的生命体组织。在将来的某一天，比较大的人体组织，如肾脏、肝脏甚至心脏也有可能进行打印。假如生物打印机能够使用患者自己的干细胞进行打印，那么在进行器官移植后，患者的身体就不会出现排斥反应了。

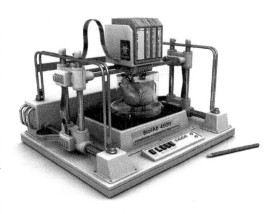

图3-6　生物3D打印机

 扩展阅读

对于3D打印机的性能应主要从打印机的应用技术、耗材（类别和颜色）、成型尺寸、精度、应用领域等这几个影响打印效果的方面进行了解。

3.2　3D打印典型设备

3.2.1　Stratasys J750 3D打印机

Stratasys J750（见图3-7）是一款能够一次性打印全彩、多材料原型件和零部件的工业级3D打印机，其技术规格见表3-1。Stratasys J750 3D打印机能够制作逼真的全彩多材料部件和产品原型。

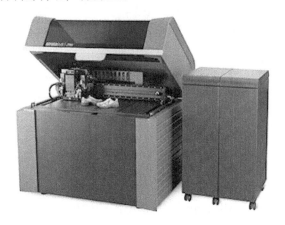

图3-7　Stratasys J750 3D打印机

表 3-1　Stratasys J750 的技术规格

技　　术	SLA
打印材料	Vero 系列不透明材料（包括中性色调和鲜艳颜色）、Tango 系列柔性材料、透明的 VeroClear 和 RGD720
颜色	全彩
支撑材料	SUP705（可使用水枪移除）
成型尺寸范围（X、Y、Z）/mm	490、390、200
层厚度/μm	横向打印层最薄为 14
精确度	50mm 以下的模型 20~85μm；全尺寸模型 200μm（仅适用于刚性材料）
软件	PolyJet Studio 3D 打印软件
外形尺寸（宽/mm×深/mm×高/mm）	1400×1260×1100
应用方向	汽车零部件、整车、能源装备、仪器仪表、生物医学工程、艺术品开发、电子电器

3.2.2　Stratasys F 系列 3D 打印机

如图 3-8 所示，Stratasys F123 3D 打印机将 FDM 技术与 GrabCAD 软件相结合，可以提供从初始的概念验证到设计验证，再到功能性测试的完整原型的多样且智能的解决方案。设备涵盖从构建快速概念模型到慢速高精密模型的不同应用区间，便于操作和维护，对操作人员经验没有要求。

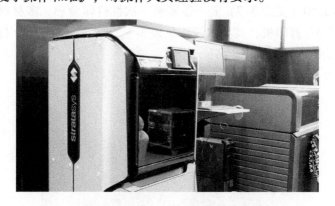

图 3-8　Stratasys F123 3D 打印机

技术规格见表 3-2。在材料方面，该系列 3D 打印机可兼容 3~4 种材料类型（PLA、ABS、ASA、PC-ABS，包含 10 种不同的颜色）。这些 FDM 材料可用于各种原型和加工应用。

表 3-2　Stratasys F 系列 3D 打印机的技术规格

技　术	FDM
打印材料	PLA、ABS、ASA、PC-ABS
颜色	单色
支撑材料	可溶性支撑材料
成型尺寸范围（X、Y、Z）/mm	355、254、355
层厚度/μm	横向打印层最薄为 14
软件	GrabCAD Print
外形尺寸（宽/mm×深/mm×高/mm）	1626×864×711
应用方向	航空航天、汽车零部件、模具设计制造、能源装备、电子电器等

3.2.3　3D System ProJet 860 Pro 3D 打印机

ProJet 860 Pro 3D 打印机是 3D Systems 公司能够提供 600 万色的全彩 3D 打印机如图 3-9 所示。

ProJet 860 Pro 3D 打印机的最大特点是 4 通道的 CMYK 混色系统，采用的是目前最先进的全彩 3D 打印技术，已经被应用于电影动画制作、专业模型制作、个性化产品制作、文创商品开发的用途，其技术规格见表 3-3。

图 3-9　ProJet 860 Pro 3D 打印机

表 3-3　ProJet 860 Pro 的技术规格

技　术	3DP
打印材料	VisiJet ® PXL™复合材料
颜色	全彩色
成型尺寸范围（X、Y、Z）/mm	508、381、229
层厚度/μm	100
外形尺寸（宽/mm×深/mm×高/mm）	1190×1160×1620
应用方向	机械设计、医疗保健、建筑工程、娱乐、教育概念模型

3.2.4　EOS M400 3D 打印机

EOS M400 3D 打印机能够以工业规模直接生产出大型金属部件，生产时可直接利用 CAD 数据，无须使用任何工具，如图 3-10 所示。其技术规格见表 3-4。

图 3-10　EOS M400 3D 打印机

表 3-4　EOS M400 的技术规格

技　术	SLS
打印材料	超细金属粉末
颜色	单色
成型尺寸范围（*X*、*Y*、*Z*）/mm	400、400、400
粉末层厚/μm	20~100（可调）
软件	EOS RP Tools，Magic RP（Materise）
外形尺寸（宽/mm×深/mm×高/mm）	5351×2200×2355
应用方向	大尺寸金属激光烧结

3.2.5　SLM Solutions SLM280HL 3D 打印机

SLM 280HL 3D 打印机是典型的 SLM 设备，如图 3-11 所示。该设备采用了 SLM 公司的多激光专利技术，安装了支持用于个性化应用和高度优化构建过程的制造数据的最新软件。SLM 280HL 最显著的优点是其连续生产双向铺粉专利技术和可保证最高稳定加工质量的最佳工艺条件。其详细技术规格见表 3-5。

图 3-11　SLM 280HL 3D 打印机

表 3-5　SLM 280HL 的技术规格

技　术	SLM
打印材料	钛合金、铝合金、镍基合金、钴铬合金、模具钢等
颜色	单色
成型尺寸范围（X、Y、Z）/mm	280、280、350
层厚/μm	20～75
外形尺寸（宽/mm×深/mm×高/mm）	1800×1900×1000
应用方向	航空航天，医疗，能源及汽车工业等

3.3　新型 3D 打印设备

3.3.1　Voxeljet VX1000 3D 打印机

如图 3-12 所示，VX1000 3D 打印机是工业领域的通用型打印机。为砂铸件的砂模和砂芯提供了一种经济高效的生产手段。其显著优点是几乎没有几何形状的限制，倒扣也可以直接打印，对于复杂的砂型和砂芯使用增材制造方式可节省昂贵的模具成本。VX1000 打印机既可生产中型尺寸样件，也适用于小批量产品生产，操作

图 3-12　Voxeljet VX1000 3D 打印机

方便，运行速度快，应用范围非常广泛，包括铸造业、汽车制造业、航空工业以及其他行业等。其技术规格见表 3-6。

表 3-6　Voxeljet VX1000 的技术规格

技　术	3DP
打印材料	石英砂和传统的呋喃树脂或酚醛树脂，具有相似的模具特性和铸造特性；适合制作所有的砂型铸造合金材料，如铝、铜、镁、铁和钢等常规合金的砂型
颜色	单色或彩色
成型尺寸范围（X、Y、Z）/mm	1060、600、500
层厚/μm	100～300
外形尺寸（宽/mm×深/mm×高/mm）	2400×2800×1900

3.3.2 Xjet NPJ 3D 打印机

Xjet NPJ 3D 打印机（见图 3-13）使用的是纳米粒喷射（NPJ）金属 3D 打印技术，简单来讲，NPJ 就是用纳米微粒来制得特殊的液态金属，然后再快速地将这些液态金属 3D 打印成独一无二的金属零件。由于其使用的是纳米液态金属，以喷墨的方式沉积成型，与普通激光 3D 打印成型相比，打印速度比普通激光打印快 5 倍，且具有优异的精度和表面质量。重要的是，该技术简单易用，价廉且更安全。其技术规格见表 3-7。

NPJ 3D 打印机适合于大规模、低成本、高效率地定制化生产金属零件。同时还适用于高细节度的陶瓷零件等。

图 3-13　Xjet NPJ 3D 打印机

表 3-7　Xjet NPJ 的技术规格

技　　术	纳米粒喷射（Nano Particle Jetting，NPJ）金属 3D 打印技术
打印材料	不锈钢、银、钛合金、铝合金和陶瓷等
颜色	单色
成型尺寸范围（X、Y、Z）/mm	500、250、250
层厚（最小线径）/μm	125～260
应用方向	医疗、汽车、航天和航空、消费品、珠宝和服装、能源、工具等

3.3.3 EnvisionTEC 3D-BLOPLOTTER 3D 打印机

EnvisionTEC 3D-BLOPLOTTER 3D 打印机使用的是德国弗莱堡材料研究开发中心发明的挤出工艺打印生物支架，如图 3-14 所示。EnvisionTEC 开发的系列 3D 生物打印机可以使用三种不同的材料墨盒来打印支架，而更高端的系列打印机有五个墨盒，允许更多的材料同时打印，其技术规格见表 3-8。

表 3-8　EnvisionTEC 3D-BLOPLOTTER 3D 打印机的技术规格

技　　术	注射器为基础的挤压式
打印材料	水凝胶、硅、钛、胶原、聚己内酯、壳聚糖等
颜色	单色
成型尺寸范围（X、Y、Z）/mm	150、150、140
层厚（最小线径）/μm	100～材料允许值

（续）

外形尺寸（宽/mm×深/mm×高/mm）	976×623×733
应用方向	骨骼再生，药物缓释，软组织，组织器官等制品

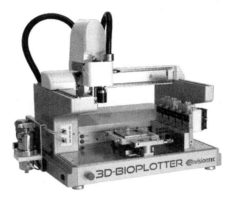

图3-14 EnvisionTEC 3D-BLOPLOTTER 3D打印机

3.3.4 3DCeram Ceramaker 3D打印机

Ceramaker 3D打印机是一款基于SLA技术的3D打印机，如图3-15所示。它打印的是可光固化浆料，由氧化铝、氧化锆或羟基磷灰石（HA）组成的。Ceramaker除了具有高分辨率和精度的显著特点外，还能制造出具有低热膨胀系数、低密度、高耐磨性和耐蚀性，以及具有良好化学稳定性的高强度零部件。其技术规格见表3-9。

Ceramaker 3D打印机使用的材料不同其应用领域也不同。比如其使用的氧化铝就是一种具有很高热传导性的电绝缘体，其硬度、耐磨性和耐蚀性都比较优异，这种材料就适于制作切割工具、磨料或在电子产品中使用。其使用的羟基磷灰石

图3-15 3DCeram Ceramaker 3D打印机

是构成人体骨骼中的矿物质的主要成分，因此该材料用于创建具有生物相容性的植入物等。

表3-9 3DCeram Ceramaker 的技术规格

技　　术	基于光固化（SLA）技术
打印材料	氧化铝、氧化锆、羟基磷灰石材质、磷酸钙等
颜色	单色

（续）

成型尺寸范围（X、Y、Z）/mm	300、300、110
层厚/μm	25～100
外形尺寸（宽/mm×深/mm×高/mm）	1000×2200×1900
应用方向	饰品、医疗、电子和其他专门的工业应用

 本章小结

本章学习了 3D 打印机的几种分类方法，并对每种类型的 3D 打印机有了初步的认识，介绍了典型 3D 打印机和新型 3D 打印机的打印原理、原材料、技术规格和应用领域。

 课后练习

1. 简述 3D 打印机的工作原理及分类。

2. 查资料，了解其他 3D 打印新型设备的技术规格和应用领域，重点了解其与之前的 3D 打印设备相比有哪些先进之处。

第 **4** 章　三维模型设计

教学要点

知 识 要 点	学 习 目 标	相 关 知 识
三维模型的定义	掌握三维模型的定义方式	三维模型的常用格式 不同三维模型格式之间的相同点和不同点
三维模型的来源	了解三维模型的获取方式	人工软件构建3D模型软件 三维扫描仪构建3D模型 下载发布在互联网上的三维模型
三维模型设计软件	了解常用的三维模型设计软件及其特点	通用性三维模型设计软件及其特点 专业性三维模型设计软件及其特点

课前准备

　　在如今的数字化时代，三维模型可以通过计算机及相关软件来进行处理，就像使用 Photoshop 软件处理彩色照片一样。那么，三维模型在计算机中是如何定义的？如何获得三维模型？有哪些软件可以用来构建或编辑三维模型，它们各有什么特点？同学们可通过本章来了解三维模型的相关知识。

4.1　三维模型的定义

　　在计算机图形学中，三维建模是指使用数学表达的方式，通过特定的软件构建物体三维形貌的过程，最终通过此过程得到的三维数据称为三维模型。三维模型中通常包含物体表面每一点的坐标信息、颜色信息、相互关系信息等，可借助计算机或其他显示设备显示，被用来分析物体的特性、艺术创造或 3D 打印等用途。

3D 模型的格式就是描述物体的三维数据在计算机中存储的规则。不同的格式描述 3D 模型的方式和内容不同。计算机在读取不同格式的 3D 模型时，只有按照特定格式的规则来读取，才可以正确地读取 3D 模型中的三维数据信息。下面分别介绍几种在不同领域常用的 3D 模型的格式。

1. STL 格式

STL（Stereo Lithography，立体光刻）格式是由 3D System 公司创立推出的，原本主要被用来作为立体光刻计算机辅助设计软件的文件格式。该格式只能用来描述封闭物体的 3D 模型。STL 格式是目前全球 3D 打印机支持率最高的文件格式，被广泛用于快速成型、3D 打印和计算机辅助制造（CAM）等，如图 4-1 所示。

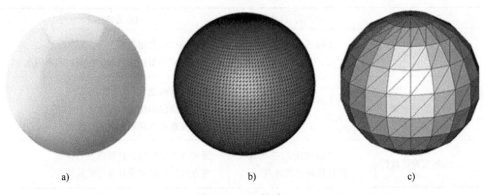

a)   b)   c)

图 4-1   STL 格式

a）实物   b）高密度三角面片的 STL 格式模型   c）低密度三角面片的 STL 格式模型

STL 格式具有简单明了、容易理解以及易于处理等优点。该格式仅描述三维物体表面的几何形状，没有颜色、材质贴图或其他三维模型属性。在 STL 格式的三维模型中，物体的表面三维形貌用众多的、大小不一的三角形面片网格表示，即使物体表面为曲面，也使用较小、较密的三角面片近似表示。每个三角面片的描述包括三角形三个顶点的坐标值和由右手定则获得的该面的单位法矢量。STL 格式中坐标值必须是正数，且没有尺度或单位信息。因为这样简单的格式设计，使得对 STL 格式的 3D 模型处理更加容易。例如，在 3D 打印前需对 3D 模型进行分层切片处理，针对 STL 格式的 3D 模型，仅需要对三角面片构成的平面与分层切面求交点即可。另外，在 STL 格式中，通过控制三角面片的大小和疏密程度，就可以方便地设置 3D 模型的精度。

STL 格式有两种表示方法：一种是 ASCII 明码格式，另一种是二进制格式。

这两种格式各有特点。ASCII 明码格式的可读性好，但占用磁盘空间比较大；相对于 ASCII 明码格式，二进制格式的可读性差，但占用磁盘空间约为 ASCII 明码格式的 1/6。

ASCII 明码格式的 STL 文件逐行给出每一个三角面片的信息，每行以 1 个或 2 个关键字开头来表示本行描述的信息。一个 ASCII 明码格式的 STL 文件结构如下：

```
solid filename //STL 文件名
facet normal ni nj nk//三角面片法矢量的 3 个分量值
outerloop //表明随后的三行数据分别是三角面片的 3 个顶点坐标
vertex v1x v1y v1z//三角面片第一个顶点坐标
vertex v2x v2y v2z//三角面片第二个顶点坐标
vertex v3x v3y v3z//三角面片第三个顶点坐标
endloop
endfacet//完成一个三角面片定义
……  //其他 facet
Endsolid filename//整个 STL 文件定义结束
```

与 ASCII 格式用标识符来提示说明三角面片的信息不同，二进制格式的 STL 文件用固定的字节数来给出三角面片的信息，规定如下：

文件起始的 80 个字节是文件头，用于存储文件名。紧接着用 4 个字节的整数来描述 3D 模型的三角面片个数。后面逐个给出每一个三角面片的数据信息，其中每个三角面片占用固定的 50 个字节，分别包含：三角面片的法矢量（3 个 4 字节浮点数）、第一个顶点的坐标（3 个 4 字节浮点数）、第二个顶点的坐标（3 个 4 字节浮点数）、第三个顶点的坐标（3 个 4 字节浮点数）。三角面片的最后 2 个字节用来描述三角面片的属性信息。文件结构具体如下：

```
UINT8   //文件名
UINT32  //三角面片数量
//后接每个三角面片的信息
REAL32 [3] //法矢量
REAL32 [3] //顶点 1 坐标
REAL32 [3] //顶点 2 坐标
REAL32 [3] //顶点 3 坐标
UINT16//文件属性
```

2. AMF 格式

STL 格式虽然已被广泛应用于 3D 打印中，成为事实上的 3D 打印技术标准，但 STL 格式缺失颜色、纹理、材质、点阵等属性，对 3D 打印的发展形成了一定的制约。为此，2010 年，国际标准化与标准制定机构（ASTM）确立了基于 XML 技术的 3D 打印文件标准 AMF（Additive Manufacturing File）。AMF 弥补了 CAD 数据和现代增材制造技术之间的差距。这种文件格式包含用于制作 3D 打印部件的所有相关信息，包括打印成品的材料、颜色和内部结构等。标准的 AMF 文件包含 object、material、texture、constellation 和 metadata 等五个顶级元素。一个完整的 AMF 文件至少要包含一个顶级元素。这些元素代表的意义如下：

  object：定义了模型的体积或者 3D 打印制造所用到的材料体积。

  material：定义了一种或多种 3D 打印所用到的材料。

  texture：定义了模型所使用的颜色或者贴图纹理。

  constellation：定义了模型的结构和结构关系。

  metadata：定义了模型 3D 打印的其他信息。

  为了更准确地描述 3D 模型，AMF 格式允许定义曲面三角形，这是与 STL 格式明显不同之处。默认情况下，3D 模型中的三角面片是平面的，并且三角面片的边也是直线。当描述 3D 模型中的曲面时，为了减少三角形网格的数量，AMF 允许使用曲面三角形。在相同三角形网格数量下，对于物体曲面的描述，曲面三角形比平面三角形的效率高很多。需要注意的是，曲面三角形中曲线边偏离原直线边的距离不能超过原三角形的最大边尺寸的 50%。

  3. 3MF 格式

  AMF 格式虽然功能强大，弥补了 STL 格式的不足，但缺少大型 3D 打印机厂商和 3D 建模公司的支持，因此推广较为滞后。另外，相对于 STL 格式过于简单的功能，AMF 的功能又显得有些烦冗。因此微软公司联合惠普、3D Systems、Stratasys 等 3D 打印巨头推出了全新的 3MF 格式。

  相较于 STL 格式，3MF 格式可以更完整地描述 3D 模型。除了几何信息外，还有内部信息、颜色、材料、纹理等其他特征。3MF 格式同样也是一种基于 XML 的数据格式，具有可扩充性。由于 3D 打印公司巨头都支持这一格式，日后势必会成为 3D 打印领域的主流。

  4. OBJ 格式

  OBJ 格式是由 Alias | Wavefront公司为 3D 建模和动画软件 Advanced Visualizer 开发的一种标准 3D 模型文件格式，很适合于 3D 软件模型之间的互导。

  OBJ 格式支持直线、多边形、表面和自由形态曲线等元素，直线和多边形通过点来描述，曲线和表面则根据控制点和依附于曲线类型的额外信息来定义。

  由于 OBJ 格式在数据交换方面的便捷性，目前大多数的三维 CAD 软件（如 3DS Max、LightWave 等）都支持 OBJ 格式，大多数 3D 打印机也支持使用 OBJ 格式进行打印。

扩展阅读

　　在拿到一个 STL 格式的 3D 模型后，要对 STL 文件的数据进行检验才可以使用。首先验证 STL 文件数据的有效性，即检查模型中是否存在孤立的三角形的边、是否存在裂隙等几何缺陷。其次检验 STL 模型的封闭性，即验证 STL 文件中的三角面片是否围成一个内外封闭的几何体。如果检验出现问题，则需对 3D 模型进行数据修复。目前一些免费的三维建模和处理软件已经可以完成 STL 模型的检验和修复工作，如微软公司的 3D Builder 就可以完成以上工作。

4.2　三维模型的来源

　　在进行 3D 打印或者三维数据处理之前，首先要获得 3D 模型。3D 模型的获得方法有：人工软件构建 3D 模型、三维扫描仪构建 3D 模型以及直接从互联网上下载 3D 模型。不同方法的难易程度、对构建者的要求和使用的工具不同，应用的场景也不同。下面简单介绍构建 3D 模型的几种方法。

　　1. 人工软件构建 3D 模型

　　基于建模软件获得 3D 模型，也称为 3D 数字化设计，是一种基于设计图样或设计草图，从无到有地设计 3D 数字化产品的过程。以往人们通过传统的 CAD 技术进行 3D 数字建模。CAD 技术是指利用计算机及其图形设备帮助设计人员进行设计，并展现所设计 3D 模型的外形、结构、色彩、质感等的技术。随着技术的进步和社会对数字化 3D 模型需求的提高，传统 CAD 技术已难以满足 3D 模型在各个领域的需求，越来越多的新技术被引进，提高了 3D 模型设计的效率和品质。这些技术包括计算机图形学、模式识别、计算机视觉以及机器学习等。由于这些技术的引入，使 3D 建模过程更加智能化、简便化和模块化。

　　2. 3D 数字化扫描

　　人工软件构建 3D 模型需要一定的软件操作能力，入门门槛较高，并且利用人工软件重建现实中已有的物体时需要的工序较多，尤其当物体形状比较复杂时，重建的精度也难以保证，因此 3D 数字化扫描技术应运而生。3D 数字化扫描俗称 3D 照相，是指利用光学、计算机视觉、计算机图形学以及模式识别等理论实现对三维物体进行扫描，从而获得物体 3D 模型的过程。扫描通常是利用照相机、激光器等设备对物体表面进行探测，进而利用图像信息或信号时间差等信息计算物体的三维信息。

　　3D 数字化扫描的详细内容见第 4 章。下面简单介绍一款免费的 3D 扫描工具 Autodesk 123D Catch。

Autodesk 123D Catch 是一款基于围绕物体拍摄的一组照片进行 3D 重建的软件产品。它不仅可用 Windows 操作系统，还可以用在 Android 系统、IOS 系统和 Windows Phone 系统的移动设备上。它可以有效地获取人物或物品的三维信息。

为了使用 Autodesk 123D Catch 获得物体的三维信息，需要符合一些必要条件。首先被测物体可以较容易地从多个角度被拍摄；其次拍摄光线要充足，拍摄画面要清晰。假如被测物体的表面特征比较复杂，用户需要对复杂部分进行近距离的拍摄以获得足够大的物体细节分辨率。一般来说，以较高质量重构一个物体需要拍摄 30 ~ 40 张照片，如果物体较大，则需要拍摄约 70 张照片。一旦所有照片拍摄完毕，将会被上传到 Autodesk 公司服务器进行处理并最终生成 3D 模型。通常生成 3D 模型的时间需要 10 ~ 20min。3D 模型生成后，用户可以下载到设备中进行查看和编辑。

Autodesk 123D Catch 是一款免费使用的软件，并且仅要求设备上具有相机功能即可，对设备的要求较低意味着功能上的缺失和稳定性较差。因为需要将拍摄的照片上传到 Autodesk 服务器，因此需要设备连接网络，有时 Autodesk 服务器会没有应答，导致无法重构物体。Autodesk 123D Catch 还要求在拍摄过程中物体保持静止，如果物体发生移动，将无法进行正确的三维重构。

3. 网上下载 3D 模型

随着互联网的发展和 3D 打印的兴起，国内外出现了大批 3D 打印服务网站和 3D 打印爱好者。3D 打印服务网站为用户提供海量模型下载，用户可以按照需求浏览其网站上的模型，或使用关键字搜索相关模型，然后付费下载。3D 打印爱好者也在一些网站和论坛自发上传自己制作的 3D 模型，用户可免费下载这些 3D 模型，从而创建了一个相互学习、交流、共享的 3D 模型资源平台。从互联网下载得到的 3D 模型格式大多为 STL 格式，适用于绝大多数 3D 打印机。国外有 Thingiverse、GrabCAD 等网站，国内有打印啦、美意网等。更多 3D 打印模型下载的网站可以通过搜索引擎获得。以下介绍几个国内外比较流行的 3D 模型下载网站。

（1）Thingiverse 平台　Thingiverse 是一个致力于分享用户自己制作的 3D 模型的互联网平台，其网站界面如图 4-2 所示。它是由国际知名的 3D 打印机生产厂商 MakerBot 公司为扩展自身影响力于 2008 年正式推出的，现已成为全球最大的 3D 模型发布与分享平台。该网站允许用户自由上传、分享和免费下载 3D 模型。2012 年该网站有 2.5 万件 3D 打印模型，到 2013 年就达到 10 万件，2014 年达到 40 万件，2015 年已经超过 100 万件。

该网站经常举办各种 3D 打印模型设计大赛，真正成为众多 3D 打印爱好者的有力帮手。网站模型包罗万象，从实用的 DIY 手机壳到电影或卡通人物，都可以在其网站上免费下载。

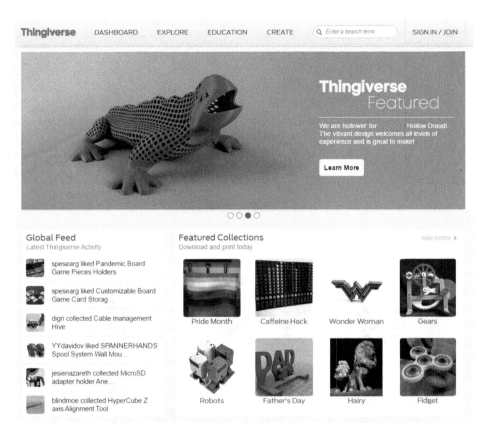

图 4-2　Thingiverse 网站界面（www. thingiverse. com）

（2）YouMagine 平台　YouMagine 是由另一家 3D 打印机巨头 Ultimaker 推出的 3D 打印模型共享平台，其网站界面如图 4-3 所示。YouMagine 的规模没有 Thingiverse 大，但依然有相当多的免费 3D 模型可供下载。与 Thingiverse 不同的是，YouMagine 承诺保护 3D 模型设计者的权益，并且更注重 3D 模型的质量。模型上传后，YouMagine 会分析该模型，甚至给出打印该模型需要多少耗材。未来 YouMagine 也将开发在线编辑 3D 模型功能，使 3D 模型设计更加容易。

（3）Pinshape 平台　Pinshape 是加拿大一家 3D 模型设计、共享平台，其网站界面如图 4-4 所示。设计师可以在该平台上售卖或免费共享其设计的 3D 模型，用户可以免费或付费下载所需模型，并使用 3D 打印机制作。设计师自己为其模型进行定价，并选择是发布在设计师群体中还是其他特定人群中。Pinshape 提供了在线云端切片的功能，用户在线选择模型、切片和打印，这样最大限度地保护了设计师的权益，同时 Pinshape 的用户可以不用下载该模型即进行 3D

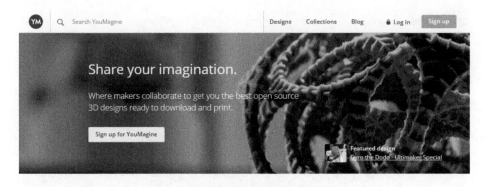

图 4-3　YouMagine 网站界面（www. youmagine. com）

打印。

（4）My Mini Factory 平台　My Mini Factory 成立于 2013 年，其网站界面如图 4-5 所示，拥有超过 2 万件 3D 模型和 20 万的用户。该平台的特点是其上面发布的 3D 模型都是经过挑选和测试的，可以直接用来进行 3D 打印。My Mini Factory 上的部分模型为免费下载，也有一些需要付费。

（5）GrabCAD 平台　GrabCAD 创立于 2009 年，起初是工程师群体分享 CAD 模型的平台，目的是帮助工程师同行学习、设计 CAD 模型，其网站界面如图 4-6 所示。该平台的模型种类十分丰富，从机械零件到明星人物应有尽有。2014 年 GrabCAD 被工业 3D 打印巨头 Stratasys 收购，目前 GrabCAD 在全球拥有 67 万件免费模型和 200 万用户。

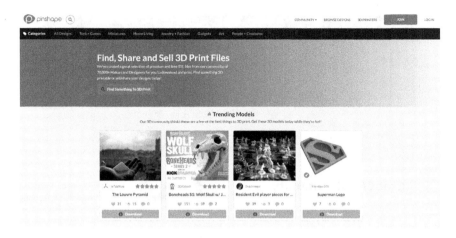

图 4-4 Pinshape 网站界面 （www.pinshape.com）

图 4-5 My Mini Factory 网站界面 （www.myminifactory.com）

（6）Autodesk 123D 平台 Autodesk 123D 是著名三维建模软件公司 Autodesk 下属的模型共享平台，其网站界面如图 4-7 所示。该平台可提供超过 1 万个免费的 3D 模型，并且还提供一整套免费的 3D 建模 APP。该 APP 是专门为无 3D 建模经验的新手设计开发的，采用模块化的工具，用户无须专业的 3D 建模知识就可轻松地进行 3D 建模。

（7）3Dagogo 平台 3Dagogo 是 2013 年成立的一家位于美国加州的创业公司，目的就是搭建 3D 设计模型的网上市场。该公司不仅具有独具创意的模型设计能力，并且与 My Mini Factory 类似，这些模型都已经经过打印测试，保证可以打印，其网站界面如图 4-8 所示。3Dagogo 平台的设计师能够自己设定模型的

图 4-6　GrabCAD 网站界面（www. grabcad. com）

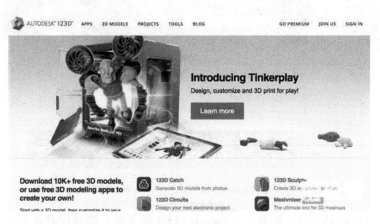

图 4-7　Autodesk 123D 网站界面（www. autodesk. com）

售价，也可以选择提供企业和商业许可证。在 3Dagogo 平台销售模型要求提供设计的最终打印品的照片。

除此之外，3Dagogo 还有一个搜索界面，可以让用户根据自己的打印机参数进行搜索。参数包括打印床的大小、挤出机的数量、支撑材料和材料类型，可对非技术消费者提供帮助。

（8）Yeggi 界面　Yeggi 是一家位于德国的 3D 模型搜索平台，其网站界面如图 4-9 所示。该平台的特色是可在不同的 3D 模型分享平台上进行搜索，其中包

图4-8 3Dagogo 网站界面（www.3dagogo.com）

括 Shapeking、Thingiverse、YouMagine 等国际知名平台。目前 Yeggi 包含 100 余万件 3D 模型。

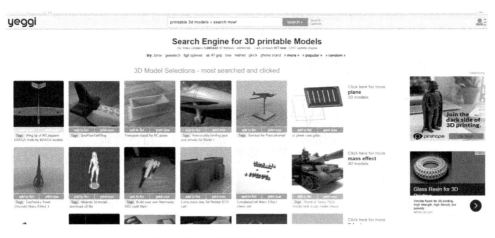

图4-9 Yeggi 网站界面（www.yeggi.com）

（9）Instructables 平台 Instructables 网站界面如图 4-10 所示，其不仅提供 3D 模型，还提供高质量的创客资源。这些资源都是创客自行创建的高细节 DIY 项目，内容包括木工、电子产品等。该平台提供了一个专用的 3D 打印通道，用户可以通过它上传详细的项目说明，而不是仅仅上传 3D 模型。

图 4-10　Instructables 网站界面（www. instructables. com）

4.3　三维模型设计软件

由于三维模型制作需求的急速增长，越来越多的商业化三维模型设计软件被相继推出。针对不同的应用场景和目的，这些软件各有特点，按照软件的应用场景可以分为通用性三维建模软件和专业性三维建模软件。

4.3.1　通用性三维建模软件

1. Autodesk Maya

Autodesk Maya 是美国 Autodesk 公司出品的世界顶级的三维动画软件，其应用界面如图 4-11 所示，应用对象是专业的影视广告、角色动画、电影特技等。Maya 功能完善，工作灵活，制作效率高，渲染真实感极强，是电影级别的高端制作软件。Maya 售价高昂，是制作者梦寐以求的制作工具，掌握了 Maya，会极大地提高制作效率和品质，调节出仿真的角色动画，渲染出电影一般的真实效果。

2. 3DS Max

3DS Max（3D Studio Max）是 Discreet 公司开发的基于 PC 系统的三维动画渲染和制作软件，后被 Autodesk 公司合并，其应用界面如图 4-12 所示。3DS Max 广泛应用于广告、影视、工业设计、建筑设计、三维动画、多媒体制作、游戏、辅助教学以及工程可视化等领域。其特点有：基于 PC 系统的低配置要求；安装插件可提供 3DS Max 所没有的功能，以增强原本的功能；强大的角色

图 4-11 Autodesk Maya 软件应用界面

动画制作能力；可堆叠的建模步骤，使制作模型有非常大的弹性。

图 4-12 3DS Max 软件应用界面

3DS Max 软件的性价比较高，相对于它自身低廉的价格，它所提供的功能十分强大，这样就可以使作品的制作成本大大降低。除此之外，3DS Max 对硬件系统的要求相对来说很低，普通的配置就可以满足要求。并且，3DS Max 的制作流程十分简洁高效，可以很快上手操作。

3. Rhino3D

Rhino3D（犀牛）是美国 Robert McNeel & Assoc 公司开发的用于 PC 的专业 3D 造型软件，它广泛地应用于三维动画制作、工业制造、科学研究以及机械设计等领域，其应用界面如图 4-13 所示。Rhino 的安装文件大小只有几十兆，对计算机硬件要求较低。Rhino 可以输出 OBJ、DXF、STL 以及 3DM 等格式的三维模型文件，几乎适应于所有 3D 软件。

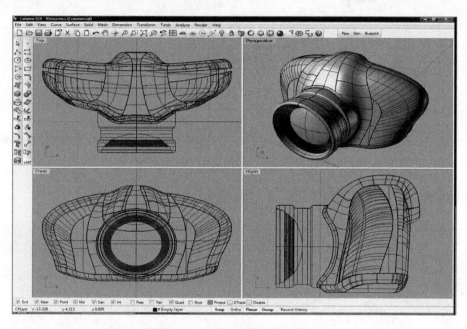

图 4-13　Rhino3D 软件应用界面

4. Blender

Blender 是一套跨平台的三维绘图及渲染软件，提供从建模、动画、材质、渲染到音频处理、视频剪辑等一系列三维动画制作的功能，其应用界面如图 4-14 所示。Blender 可以在多个平台上运行，其中包括 Microsoft Windows、Mac OS X、GNU/Linux 以及 FreeBSD 等。Blender 的功能强大，在 Blender 中，物体与数据是分离的，可以实现快速建模，还可以将多个场景合并至单一文件。

5. Google SketchUp

Google SketchUp 是一款用于建筑、城市规划和游戏开发等功能的 3D 建模软件，其应用界面如图 4-15 所示。Google SketchUp 相对于其他 CAD 软件更为直观、灵活以及易于使用。如果将三维模型文件导出为 dae 或 kmz 文件，可以将模型直接输出至 Google Earth 中。

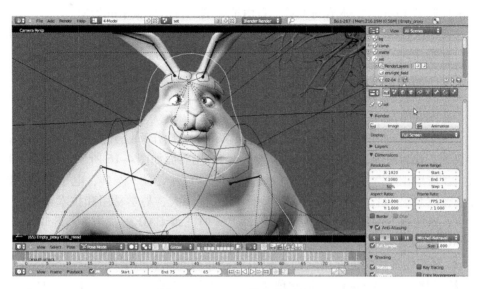

图 4-14　Blender 软件应用界面

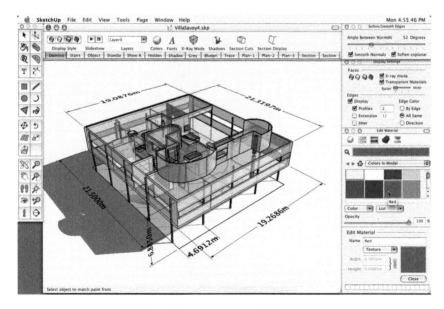

图 4-15　Google SketchUp 软件应用界面

6. ZBrush

ZBrush 是一个数字雕刻和绘画软件，它以强大的功能和直观的工作流程彻底改变了整个三维行业。ZBrush 将三维动画中最复杂、最耗费精力的角色建模和贴图工作，变成了小朋友玩泥巴那样简单有趣。设计师可以通过手写板或鼠标来控制 ZBrush 的立体笔刷工具，自由地雕刻出自己头脑中的形象。

市面上还有很多商业化的 3D 建模软件，每一款软件都有自己的特点和优势，掌握任何一种 3D 建模软件都可以完成建模的目的。

4.3.2 专业性3D建模软件

1. SolidWorks

SolidWorks 软件是世界上第一个基于 Windows 操作系统开发的三维 CAD 视窗系统，现为法国达索公司旗下的产品，其应用界面如图 4-16 所示。SolidWorks 被广泛应用于航空航天、食品、机械、国防、车辆交通、模具、电子通信、医疗器械以及娱乐工业等方面。SolidWorks 有功能强大、易学易用和技术创新三大特点，这使得 SolidWorks 成为领先的、主流的三维 CAD 解决方案。SolidWorks 能够提供不同的设计方案，减少设计过程中的错误以及提高产品质量。Solid-Works 独有的拖拽功能使用户能在较短的时间内完成大型装配设计。SolidWorks 资源管理器是同 Windows 资源管理器一样的 CAD 文件管理器，可以方便地管理 CAD 文件。

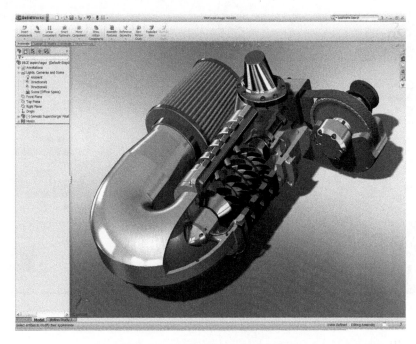

图 4-16　SolidWorks 软件应用界面

2. AutoCAD

AutoCAD 是 Autodesk（欧特克）公司首次于 1982 年开发的自动计算机辅助

设计软件，界面如图 4-17 所示，用于二维绘图和三维设计，现在已成为国际上广为流行的绘图工具。AutoCAD 具有良好的用户界面，通过交互菜单或命令行方式便可以进行各种操作，让非计算机专业人员也能很快地学会使用。通过它无须懂得编程即可绘图，可以用于土木建筑、装饰装潢、工业制图以及服装加工等领域。

AutoCAD 的基本特点有以下方面：

1）具有完善的图形绘制功能。

2）具有强大的图形编辑功能。

3）可以采用多种方式进行二次开发或用户定制。

4）可以进行多种图形格式的转换，具有较强的数据交换能力。

5）支持多种硬件设备。

6）支持多种操作平台。

7）具有通用性、易用性等特点。

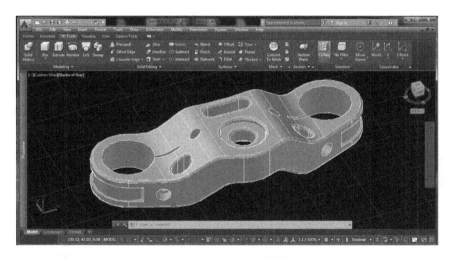

图 4-17 AutoCAD 软件应用界面

3. CATIA

CATIA（Computer Aided Three-dimensional Interactive Application）是法国达索公司开发的旗舰产品，其应用界面如图 4-18 所示，可以提供产品的外形设计、机械设计、设备与系统工程、管理数字样机等功能。CATIA 可提供有特色的核心技术，如在 CATIA 中设计对象混合建模，无论是实体还是曲面，都可以做到真正的交互操作。CATIA 应用的著名用户和案例产品有：幻影 2000 和阵风战斗机、波音 747 飞机、克莱斯勒、宝马、奔驰等，可以说是专业建模软件中的高端产品。

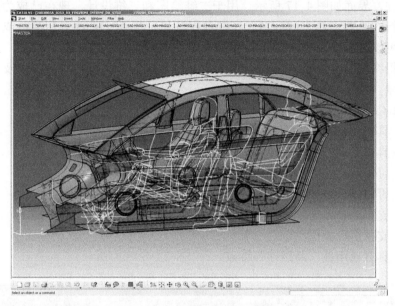

图 4-18　CATIA 软件应用界面

4. Unigraphics（UG）

UG（现已改名为 Siemens NX）目前属于 Siemens 公司的高端三维建模软件，可以完成三维模型设计、工程分析（如流体、有限元分析等）等功能，广泛应用于机械、模具、汽车以及航空航天等领域，其应用界面如图 4-19 所示。UG 能够使用户在一个集成的数字化环境中去模拟、验证产品和生产过程，从初始的概念设计到产品设计、仿真和制造，UG 都可以满足客户的各种需求。

5. Pro/ENGINEER

Pro/ENGINEER（简称 Pro/E，现已改名为 Creo）是美国参数公司（Parametric Technology Corporation，PTC）的高端产品，主要用于三维制图、建模，在复杂的三维模型设计方面有较大的优势，其应用界面如图 4-20 所示。该软件提出参数化设计、特征导向和实体造型思想，即利用一定数量的参数去约束模型，而不用担心模型有多复杂。

6. Cimatron

Cimatron 是以色列 Cimatron 公司开发的可用于 CAD/CAM/CNC 设计制作的商业软件。该软件灵活的用户界面提供的各种通用、专用数据接口以及集成化的产品数据管理，使得 Cimatron 在国内外模具制造行业中备受欢迎。

以上介绍的专业性软件中，SolidWorks 是目前使用频率最高、应用领域最广泛的软件。SolidWorks 使用方便，即使初学者也可以很快掌握并使用，且其三维

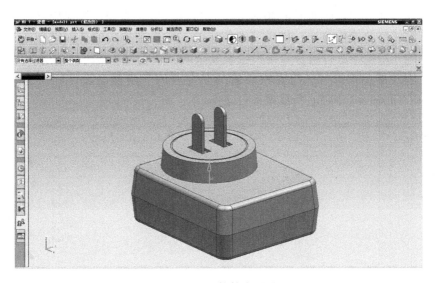

图 4-19 UG 软件应用界面

模型设计周期短。由于采用 Microsoft Windows 的技术，该软件还支持如剪切、复制、粘贴等操作。另外，SolidWorks 还兼容中国国标，让设计师可以直接提取国标中的标准件和图框，不需要从外部导入。

Pro/E 属于三维建模软件中的中端软件。该软件主要在参数化建模方面具有优势，参数建模在曲面建模时具有较大的自由度，但如果使用不熟练，将难以控制曲面的形状，因此 Pro/E 适合于有丰富操作经验的设计师使用。

UG 属于高端三维建模软件，功能方面集合设计、加工、编程与分析等功能，尤其在模具及加工、编程方面优势较强。其功能强大，但相比于其他软件也难于学习和使用。UG 最大的特点是支持参数化建模和非参数化建模混合操作，具有极大的灵活性。

4.3.3 在线三维建模软件

通用型和专业型建模软件功能都十分强大，但学习的门槛较高，尤其是对于缺少三维模型设计基础的爱好者。同时，这些软件大部分都需要付费购买，一般的三维建模爱好者难以承担。以下将介绍几款基于网页的在线三维建模软件，相对于通用型和专业型软件，在线三维建模软件无须安装，只需要在接通互联网的浏览器中即可进行三维模型设计，并且用户无须购买，只需登录相应的网址即可。

1. Autodesk Tinkercad

Autodesk Tinkercad 是 Autodesk 公司系列产品之一，是一款基于网页的三维建模软件，其应用界面如图 4-20 所示。该软件打破了常规三维建模软件从草图生成三维模型的建模方法，提供了由简单的三维模型构成的基本模型库，通过把简单的三维模型进行组合和编辑生成复杂的三维模型。这种建模方式类似搭积木，因此即使是没有三维建模经验的非专业的三维模型设计师，也可以在 Autodesk Tinkercad 中随心所欲地进行建模。

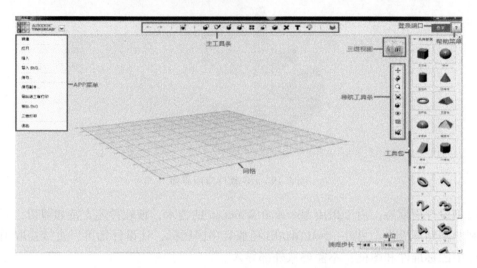

图 4-20　Autodesk Tinkercad 软件应用界面

与专业的三维建模软件相比，尽管 Autodesk Tinkercad 仅提供一些基本模型和编辑功能，但只要灵活掌握并运用其提供的功能模块，同样可以构建有一定复杂度的三维模型。该模型可保存为 STL 格式并通过 3D 打印机打印。

2. 3DTin

与 Autodesk Tinkercad 类似，3DTin 也是基于网页的在线 3D 建模软件，用户可以在浏览器中创建自己的三维模型，其应用界面如图 4-21 所示。需要注意的是，不论是 3DTin 还是 Autodesk Tinkercad，都需要用户完成注册才可以使用。注册后用户所创建的三维模型可以保存在云端，方便随时进行修改和编辑。

以上两款基于网页的在线三维建模软件使用起来都十分简单，容易上手，可以称之为零基础软件。虽然牺牲了部分高级的功能，但由于免费、免安装并且易上手，因此成为一些三维模型设计爱好者的有力工具。当然，如果需要设计专业的三维模型，还需要安装相应的软件。由于三维技术的流行，各大公司也推出了免费的三维建模软件，如 Autodesk 123D、Google SketchUp 免费版、OpenSCAD、Sculptris 和 MakeHuman 等。这些软件在操作使用时需要在计算机上安装，并且功能和操作较复杂，但都有独特的功能和用户群体。例如，Sculptris 是 3D 雕刻软件，用户可以完全不考虑三维模型的拓扑结构，像捏橡皮泥一样随

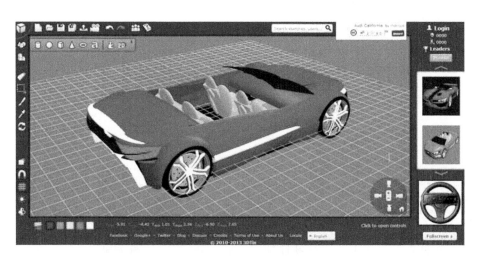

图 4-21　3DTin 软件应用界面

意变形目标物体。再如 MakeHuman 是一款开源的 3D 人物角色建模软件，该软件基于大量人类学形态特征数据，可以快速形成不同年龄段的男女脸部及肢体模型，并对局部进行调整。

用户只需根据自己的实际需求和自身情况，选择相应的建模软件。三维建模软件的使用只是一种软件操作，只要勤于练习，熟能生巧，任何人都可以设计出复杂、精确、完美的三维模型。

 本章小结

本章学习了三维模型的定义及其在计算机中的保存格式；了解了三维模型的来源和获取手段；学习了三维模型处理软件的种类及特点；掌握了根据设计需求选择适当的设计软件的方法；明白了三维模型从构建到编辑的全过程，为下一步的 3D 打印做准备。

 课后思考题

1. 什么是三维模型？常用的格式有哪些？
2. 常用的建模软件及其特点。

第 5 章 三维扫描技术

教学要点

知识要点	学习目标	相关知识
逆向工程的基本原理	了解逆向工程实现的基本原理	逆向工程的实现手段 逆向工程的基本原理
逆向建模软件	了解不同建模软件的应用领域	掌握扫描仪的数据输出格式 了解不同建模软件的特点 了解不同建模软件的应用领域
三维扫描技术的应用	了解三维扫描技术的发展现状和应用领域	了解三维扫描技术的发展现状 了解三维扫描技术在生活和工业等方面的应用

课前准备

随着制造业的快速发展，人们对世界上已有的物品进行三维建模的需求越来越多。然而，仅通过传统的三维建模软件来实现复杂多变的真实物体的建模耗时久，精度也不高。由于图像处理技术和高精度相机等硬件设备的快速发展，使得借助先进的计算机手段实现高精度、快速的三维扫描技术变为可能。

那么三维扫描技术是如何实现的？有哪些技术手段，又各有什么特点？三维扫描技术的应用领域有哪些？通过本章的学习，同学们会有深刻的认识。

5.1 逆向工程技术

随着工业技术水平的提高以及消费者追求高品质产品需求的日益强烈，市场上推出的产品更新换代节奏加快，类似产品之间的竞争变得十分激烈。除了由设计师正向设计开发新产品外，在新产品开发过程中另一条重要的路线就是对已有的产品或事物进行逆向设计，这个设计的过程称为逆向工程，也称为反向工程（Reverse Engineering，RE）。总结来说，逆向工程是指对一项目产品进行逆向分析及研究，从而演绎并获得该产品的处理流程、组织结构、功能性能等设计要素，以制作出功能相近但又不同的产品。与传统的正向工程（Forward Engineering，FE）从无到有进行产品设计不同，逆向工程是根据已有的产品或实物，反向推出产品设计模型的过程。该技术针对现有的产品或实物，利用3D数字化测量设备准确、快速地获得产品或实物的三维数据，进而进行改进、分析或仿制，具体可包括功能逆向、性能逆向及材质、结构等方面的逆向，而逆向对象可以是整机或零部件。逆向工程的应用领域很广，如集成电路逆向设计、实物逆向设计等，这里特指实物逆向设计。一般逆向工程的流程如图5-1所示。

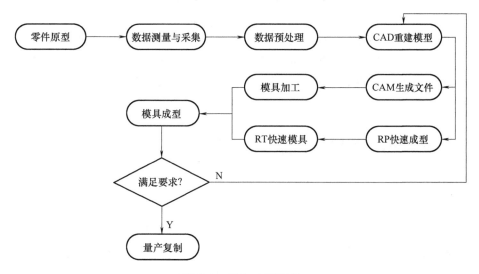

图 5-1　逆向工程流程

随着数字化测量技术的迅猛发展及计算机技术在工业制造领域的广泛应用，基于3D测量设备获得三维数据进行逆向工程设计的应用越来越广泛。特别是在CAD/CAM/CAE技术和软件的辅助下，逆向工程现已发展为一种可以通过3D扫描获得实物零件的三维数据，进而通过CAD软件进行编辑和修改，最终获得新产品的模式。3D扫描仪、CT断层成像等技术都可以作为获取三维数据的手段。这些设备可获得物体表面轮廓的点云数据，因此点云数据就是三维扫描的最原始的数据。点云数据经过数据处理和分析后可生成供CAD/CAM/CAE读取、编辑的三维模型。

逆向工程被广泛应用于制造业、工业、考古、艺术设计等领域。例如，在缺少图样和 CAD 模型的前提下，通过逆向工程可以对零件进行精确测绘，形成图样或模型，进而快速复制出相同的零件。再如，针对历史文物进行逆向工程，获得其三维数据，在日后的保护、修复、展览中起到重要作用。逆向工程也可以定制服装、头盔等物品的设计。此类产品通常要求服装或头盔与人体部位有较好的接触和形状适应性，可利用逆向工程获取人体数据，进而根据不同的三维数据实现定制化生产。

 扩展阅读

需要注意的是，通过扫描产品实物获得的三维数据和图样可能会涉及版权问题。例如，扫描获得其他厂商生产的鞋子外形，再进行复制生产获利，此类商业行为是违法的。逆向工程存在的意义和目的不是照抄、仿制，而是通过汇总、结合当代计算机、光学、图像处理、三维数据处理、模型分析等技术，实现产品设计备份、性能分析等功能，并使制造商加快产品开发节奏，更好更快地开发高技术水平、高附加值的新产品。逆向工程还可以提高产品之间的相互通用性，防止原有设计丢失，提高产品的改进速度，用于产品分析和学术研究等。

5.2 三维扫描的原理及应用

5.2.1 三维扫描的基本方法

逆向工程的第一步就是获取已有产品或实物的三维信息，这就要靠三维扫描技术实现。由于计算机、光学以及图形学的迅猛发展，三维扫描技术也有了巨大的发展，从原有的接触式扫描到非接触式扫描，从点扫描到面扫描，每一次技术的改进都大大提升了测量速度和精度，也扩展了三维扫描技术的应用范围。以下从测量范围方面介绍三维扫描技术的发展历程。

1. 逐点测量

逐点测量就是每次测量动作只能得到物体表面某一点的三维数据，将该测量动作遍历物体表面，即可得到整个物体的三维信息。按照是否直接与物体接触，逐点测量又分为接触式逐点测量和非接触式逐点测量。典型的接触式逐点测量应用是三维坐标测量机。该测量机分为主体部分、探针部分和数据采集部分，通过主体部分控制探针运动，获得物体表面的三维信息并由数据采集部分收集得到。该方法不适合柔性物体测量。非接触逐点测量（如点激光测量仪）则使用发射单束激光到物体表面，再接收由物体表面反射回来的激光束，通过时间信息计算物体的三维信息。逐点测量属于早期的三维扫描方法，优点是测量精度高，但速度较慢，适合对时间要求不高的物体表面误差检测。

2. 线形扫描

为了改进逐点扫描速度较慢的缺点，线形扫描技术被提出。通过发射一条激光线到物体表面，再通过传感器获得物体的三维信息。典型线形扫描的应用是台式三维激光扫描仪和手持式三维激光扫描仪。相对于逐点测量，线形扫描的扫描速度大幅提升，并且可以测量弹性表面的物体，适用于对大型物体进行直接扫描。但由于激光散斑效应的存在，线形扫描的测量精度较低。

3. 面扫描

线形扫描的测量速度和精度依旧无法满足日益增长的测量需求，随着数字图像处理技术的发展，基于工业相机的面扫描技术被提出。面扫描法又称为结构光扫描法，是指通过投射一组编码条纹图到物体表面，再由工业相机进行捕获，进而对捕获到的图像进行分析得到物体的三维信息。投射编码条纹一般采用投影仪投射，通常为白光或蓝光。这种方法结构简单，仅需要投影仪和工业相机即可完成物体扫描，并且相机拍摄到的物体范围都可以一次性计算出三维数据，因此扫描速度快。典型的面扫描设备有基于结构光的三维扫描仪、三维摄影测量系统等。

5.2.2　三维扫描仪的分类及典型三维扫描仪

以上是从测量范围方面介绍了三维扫描技术的发展过程，实际上由于三维扫描技术可广泛应用于工业设计与制造、生物医学和家庭娱乐等多个领域，近年来受到了市场和科研院校的高度关注，越来越多的三维扫描技术被提出，如时间飞行法、立体视觉法和结构光扫描等。不同的技术有不同的特点，也适用于不同的领域。从工作原理出发，三维扫描仪可按图 5-2 进行分类。

1. 接触式三维扫描仪

为了获得物体表面的三维数据，最直接的方法就是通过接触物体表面每一点来获取其坐标值。典型的接触式扫描仪，如三维坐标测量机（CMM）就属于这一类，如图 5-3 所示。通过接触式测量可以获得高精度的三维数据，但也有局限性：如测量时间较长、标定控制部分和探针系统的过程较复杂、测量容易造成物体表面破损、无法测量具有一定弹性的物体、物体在测量过程中需要保持静止等。以上这些局限性限制了接触式三维扫描仪在实际应用中的使用。

2. 非接触式三维扫描仪

为了改进以上接触式三维扫描仪的局限性，非接触式三维扫描仪的概念被提出。非接触法测量物体不需要与物体接触，因此可以针对具有弹性的物体进行三维测量。基于非接触法探测物体的原理，非接触式三维扫描仪又可以分为

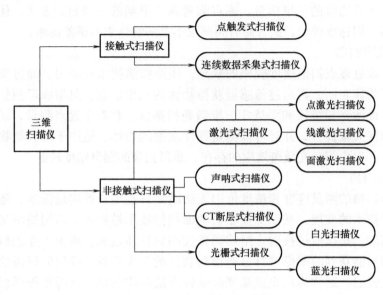

图 5-2　三维扫描仪的分类

图 5-3　三维坐标测量机

结构光式扫描仪、激光式扫描仪和 CT 断层式扫描仪等。

　　激光式扫描仪大多采用时间飞行法原理，即发射激光到物体表面，并使用传感器接收从物体表面反射回来的激光，并计算激光在整个过程中飞行的时间。由于激光在空气中传播的速度是已知的，飞行时间的长短就决定了物体表面一点距离扫描仪的远近。

三角测距原理是结构光式扫描仪采用的计算手段。将一组设计好的条纹图由投影仪投射到物体表面，物体表面的高度的变化将使按规律变化的条纹图将发生扭曲变形，于是这些变形信息就包含了物体表面的高度信息。通过工业相机在另一个角度拍摄发生变形的条纹图，这样相机、投影仪和物体之间就构成了一个三角形。利用图像处理技术分析变形条纹图，提取有用信息，并利用三角关系计算每一个像素点的三维信息，实现三维测量。

结构光式扫描仪由于可对整幅拍摄到的条纹图进行计算，因此扫描速度快。但结构光式扫描仪仅能对相机拍摄到的物体部分进行三维重构，无法测量被遮挡的部分。如果需扫描较大的物体，通常需要对物体从不同的角度进行多次扫描，最终利用图像拼接融合技术实现完整物体的三维扫描。另外有一点需要注意，由于使用从物体表面反射的条纹信息进行三维重构，所以物体表面的反射率、颜色等特性会对扫描结果造成一定的影响（如镜面反射、高亮物体或半透明物体）。物体表面的反射率太高或太低都会在扫描结果中引入误差。实际操作中需在物体表面喷涂白色显影剂，以保证扫描效果。

CT 断层式扫描是指利用 X 射线对人体或物体某一厚度的层面进行逐层的扫描，并根据扫描结果分析得到物体的三维信息，把物体每一个断层的三维信息堆叠起来，就完成了对全部物体的三维扫描。CT 断层式扫描仪的主要优势是无须破坏物体即可获得物体内部的三维构造，经常应用于医学扫描、无损工业检测等领域。

激光式扫描仪、结构光式扫描仪和 CT 断层式扫描仪在工业、医疗等领域应用十分广泛，以下从原理、使用步骤等方面详细介绍。

（1）激光式三维扫描仪　激光式三维扫描仪是指以激光为光源，使用传感器探测激光的飞行时间或因物体高度调制后发生的变化等信息，计算物体的三维信息，其工作原理如图 5-4 所示。此方法充分利用了激光的单色性、方向性、相干性和亮度高等特性，测量过程中操作简便，具有快速性、不接触性和实时等优点。然而，由于激光的能量较高，因此不适合人体、脆弱物体以及易变质物体的扫描，在应用中具有一定的局限性。

激光式三维扫描又可分为点式激光扫描仪和线式激光扫描仪。点式激光扫描仪是早期出现的三维扫描仪，完成了从接触式三维扫描仪到非接触式扫描仪的突破。点式扫描仪根据时间飞行法测距原理或三角测量原理，逐点遍历物体表面的所有点，最终构成整个物体的三维信息。点式激光扫描仪测量速度慢，不适合实时性要求强的应用场景。

为了改善点式扫描仪扫描速度慢的缺点，线式扫描仪被提出。线式扫描仪使用激光器投射一条激光线来代替原来的激光点，因此扫描速度大大提高，并且线式扫描仪通常为手持式扫描仪，使用更加方便。然而，在重构物体过程中

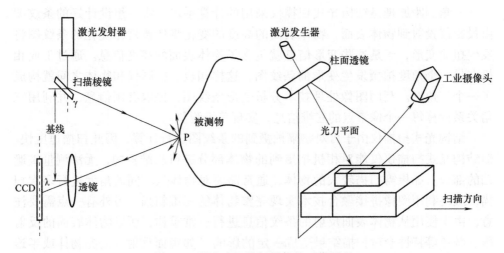

图 5-4　激光式三维扫描仪的工作原理

需要经过从线到面的拼接,整体扫描精度难以保证。

(2) 结构光式三维扫描仪　由于数字投影技术的发展,投影仪的广泛应用让人们可以向物体表面投射任意形状的图像,这就催生了基于结构光的三维扫描技术。与传统的激光扫描仪相比,基于结构光式三维扫描仪是面扫描,扫描范围更大(可达 10m),速度更快(可实现实时三维测量),测量精度也有所提高(达到微米级),目前已经成为应用最广的三维扫描仪。

结构光式三维扫描仪通常基于三角测距原理计算物体的三维信息。如图 5-5 所示,其典型系统包含一个投影仪和一个照相机。使用投影仪向被测物体投射一组结构光图案(如条纹图、散斑图等),再使用相机拍摄从物体表面反射回来的结构光图案。物体表面的高度与预设的结构光图案相比,投射的结构光图案将发生扭曲变化,这些变化信息包含了物体的高度信息。通过图像处理、条纹分析等技术,并利用三角法三维重构原理,可获得所拍图像的每一点像素的高

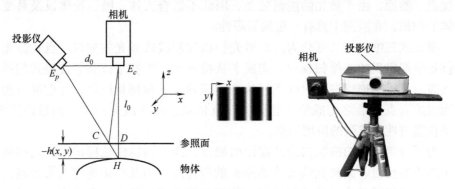

图 5-5　结构光式扫描仪的原理及实物

度值。因此，结构光式三维扫描可以说是全场测量，只要物体可以被拍摄到，就可以进行三维重构。

图5-6为结构光式扫描仪的测量结果。由于结构光式的三维扫描仪具有测量范围大、速度快、精度高等优点，特别适合于复杂的自由曲面测量，被广泛应用于艺术设计、产品开发、三维数字化、产品质量检测以及文物保护等领域，是逆向工程的有力工具。由于投影仪投射的光相对于激光来说强度适中，对人体和脆弱的物体不构成损害，因此应用范围也较广。

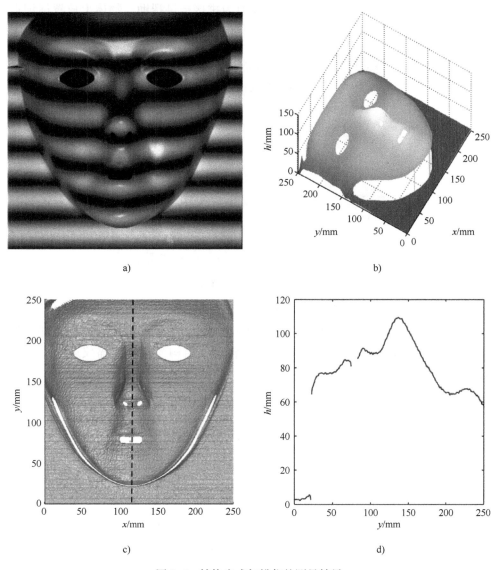

图5-6 结构光式扫描仪的测量结果

由于每次扫描仪可得到物体的一个侧面的三维数据，如果要对物体进行完整的三维重构，就需要对物体进行 360°的全方位扫描，然后再使用三维图像拼接技术进行拼接和融合。这种方法对大物体三维重构时十分有效。需要注意的是，相邻扫描之间要求有重叠的部分，这样拼接算法才能找到相匹配的对应点，有效地完成拼接任务。有时物体表面特征不明显，或者需要提高拼接的准确率，可在物体表面随机地贴上标记点（如圆形标记点），来帮助拼接算法寻找不同扫描结果的对应点。这些标记点要不具有规律性地附在物体表面，相邻扫描部分至少要有 3 个以上标记点才能有效地为拼接提供帮助。物体上放置标记点如图 5-7 所示，这在复杂物体三维扫描时最有效。

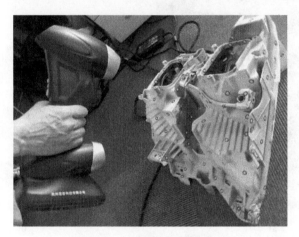

图 5-7　大型物体扫描标记点

使用手持式结构光三维扫描仪可有效、方便地获取物体的三维信息，在工业领域应用较广泛。然而一般手持式三维扫描仪的价钱较高，针对 3D 打印爱好者而言，扫描物体通常是为了 3D 打印，转台式结构光三维扫描仪就可满足要求，如图 5-8 所示。

图 5-8　转台式结构光三维扫描仪

相对于手持式三维扫描仪，转台式的系统结构相对固定，属于半自动的三维扫描仪，系统参数经过标定后即可确定，因此在技术难度和成本上具有一定优势。其工作流程如下：

1）进行扫描仪的系统参数标定，标定扫描仪和转台的关系。

2）将被测物体放置在转台上，并投射已设计好的结构光条纹。为了唯一确定空间点的关系，其结构光条纹通常为正弦波条纹或三角波条纹等强度值变化的条纹。

3）扫描完物体的一个侧面后，将转盘转动到下一个角度，再进行三维扫描，并要保证两个扫描角度之间要有重叠的部分。然后再继续转动转台、扫描，此时就获得了物体不同侧面的三维数据。

4）在扫描系统提供的软件中完成三维数据拼接，就得到了一个完整的物体三维模型。

（3）CT 断层式扫描仪 CT（Computed Tomography）就是计算机断层扫描，是一种利用数位几何处理后重建的三维放射线医学影像技术，常见于医学影像诊断。该技术主要通过单一轴面的 X 射线旋转照射人体或物体，并利用灵敏度极高的探测器接收信号。由于不同的组织对 X 射线的吸收能力不同，因此由探测器接收传过人体或物体的衰减 X 射线信息也不同。X 射线探测器接收到的衰减的 X 射线为光信号，经由光电转换器变为电信号，再经过模拟/数字转换器转为数字信号供计算机处理。计算机得到各点的 X 射线吸收系数值后，将这些数据转换为图像矩阵，即可经图像显示器将不同的数据用不同的灰度显示出来，最终构成人们常见的 CT 影像。

由于 CT 获得的仅是物体一层一层的断层数据，将所有层的数据组合到一起才可以构成完整的物体三维数据。目前已经有相关的三维软件支持将 CT 数据转化为三维模型，并使用 3D 打印机打印出来，比较常用的三维软件有 3DSlicer 和 Mimics。Mimics 软件的应用界面如图 5-9 所示。

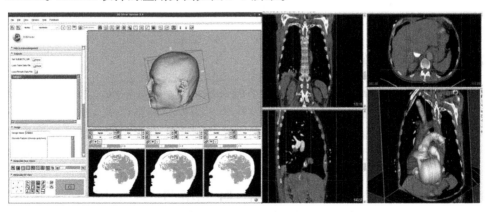

图 5-9 Mimics 软件的应用界面

5.3 逆向建模软件

5.3.1 扫描仪数据格式

在介绍逆向建模软件之前，首先来了解一下逆向建模过程中处理数据的格式。点云（Point Cloud）是大部分三维扫描仪获得物体三维模型的数据存储形式。该数据格式以点的形式记录物体表面的三维信息，每一点包含有三维坐标信息、反射强度信息或颜色信息。通常，由接触式的三维坐标机获得的点云数据较少，点与点之间的距离也较大，称之为稀疏点云；而使用激光扫描仪或结构光扫描仪等方法得到的点云数量较多并且密集，称之为密集点云。典型的点云的格式有 .pts、.asc、.dat 等。点云数据示意如图 5-10所示。

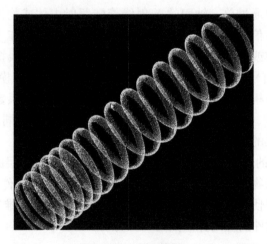

图 5-10　点云数据

5.3.2 逆向建模软件

由三维扫描设备获取的点云数据不能直接进行 3D 打印或三维模型编辑处理，需利用逆向建模软件将点云数据转化为三维模型网格形式。点云数据具有单个离散特性，不能确定点与点之间的关系，也无法直接确定由点云数据构成的面，因此需要利用一定的算法将点云进行网格化。网格化后，不同点之间被连接起来构成面，点与点之间的拓扑关系也较清晰，有利于三维模型的后续处理。通常使用的网格形式为三角形网格、四边形网格或其他的简单凸多边形网格。三角形网格仅能表示物体的形状信息，不能表示颜色等纹理信息。因此，为了使三维模型更逼真，可以将物体的纹理信息映射到网格化物体表面。添加纹理后的三维模型包含更多被扫描物体信息，显示效果更真实。这些都需要逆向建模软件来完成。

综上所述，逆向建模软件需要具备以下功能：读入点云数据；由点云网格化；纹理贴图。目前市面上使用较为广泛的逆向建模软件有 RapidForm、Geomagic Studio、CopyCAD、Imageware、Polyworks、ICEMSurf 和 Re-Soft 等，前四种软件在业界具有较高的市场占有率，在业界称为全球四大逆向工程软件。

1. RapidForm

RapidForm 是韩国 INUS 公司推出的逆向工程软件，该软件提供了新一代运算模式，可实时地将点云数据运算出无接缝的多边形曲面，其应用界面如图 5-11 所示。RapidForm 具有以下特性：多点云数据管理界面；多点云处理技术；快速点云转换成多边形曲面算法；具有彩色点云数据处理和点云合并功能。

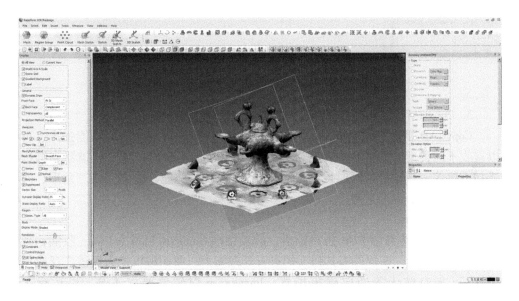

图 5-11 RapidForm 软件的应用界面

2. Geomagic Studio

Geomagic Studio 是 Geomagic 公司的一款逆向建模软件，可以根据扫描仪提供的点云数据自动生成准确的数字模型，其应用界面如图 5-12 所示。Geomagic Studio 的主要优势：确保用户获得高质量的多边形和 NURBS 模型；处理复杂形状和自由曲面形状时效率高；操作简单，易掌握；可与市场上主要的三维扫描设备和 CAD/CAM 软件集成使用。

图 5-12　Geomagic Studio 软件的应用界面

3. CopyCAD

CopyCAD 是由英国 Delcam 公司开发的逆向建模软件。该软件功能强大，可以接收不同类型的扫描仪数据，其中包括三维坐标测量机、激光扫描器和结构光扫描仪等。该软件可同时提供正向/逆向混合设计功能，能够完成三角形、曲面和实体三合一混合造型。

4. Imageware

Imageware 是美国 EDS 公司推出，后被德国 Siemens PLM Software 收购，现属于 NX 产品线。该软件因其强大的点云处理能力、曲面编辑能力而被广泛应用于汽车、航空航天等逆向建模场景。Imageware 对硬件要求不高，可运行于UNIX 工作站、PC 等，操作系统可以是 UNIX、NT 和 Windows 等。

5.4　三维扫描技术的应用现状

近年来，由于信息技术的快速发展以及人们对三维信息需求的日益提高，三维扫描技术广泛应用于各个行业，其应用案例如图 5-13 所示。三维扫描技术的应用不仅提高了实物物体数字化的速度及行业生产率，还催生出多种新型的产业与服务。

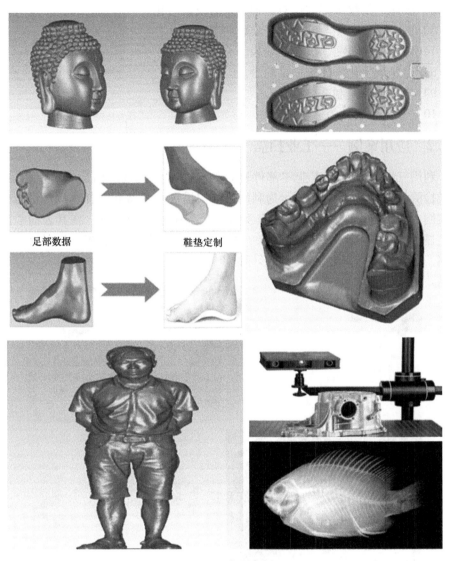

图 5-13 应用案例

5.4.1 应用领域

目前典型的三维扫描应用领域如下：

1）人体三维建模、服装设计、制鞋、三维人脸识别等。

2）医学模型制造、医学仿生、美容整形模拟、牙模制作等。

3）文物数字化、文物保护与修复、数字博物馆等。

4）三维游戏制作、三维动画影片制作等。

5）脚印、指纹采集与比对、弹痕采集及数字化等。

6）产品质量检测与测量、产品逆向工程等。

7）零件变形检测、工业在线检测。

8）建筑数字化、建筑三维测量。

9）模具设计、制造与检测。

10）汽车、家具等。

5.4.2 应用案例——工业扫描

利用三维扫描仪对工业零部件进行扫描，可以实现逆向建模、模型分析、质量检测等功能。图 5-14 所示为利用三维扫描仪对弹簧和摩托车车身进行扫描的案例。为了防止弹簧和摩托车车身表面反射率过高或过低，在其表面喷涂了白色显影剂。由于摩托车车身较大，需要分块进行扫描并拼接，为了提高拼接效率，在摩托车车身上粘贴了圆形标记点。

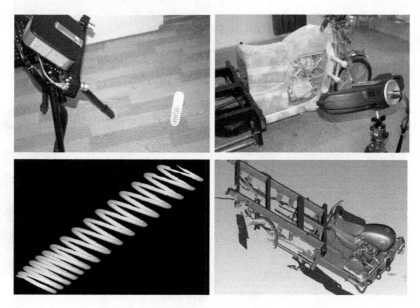

图 5-14　工业扫描案例

除了工业上对产品进行检测，还可以对人体进行三维建模。图 5-15 所示为利用基于结构光的三维扫描仪对人脸进行三维建模的案例。该数据可以用于人脸识别、表情识别、虚拟现实等。

除了对人脸进行扫描，还可以对人体进行测量。图 5-16 所示为对婴儿的身体进行三维扫描的案例，通过数据处理可以测量出婴儿胸口随呼吸进行的起伏变化。当然，也可以直接进行 3D 打印，获得相应模型。

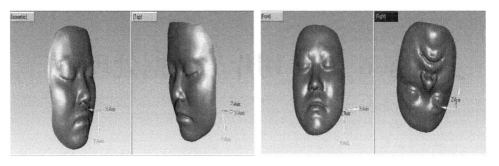

图 5-15 人脸扫描案例

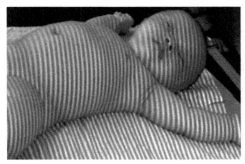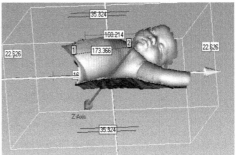

图 5-16 婴儿扫描案例

 本章小结

本章学习了逆向工程相关基本知识。了解了三维扫描技术的发展历程；比较了不同三维扫描技术的特点；了解了逆向工程使用的相关软件及特点；学习了三维扫描技术的应用领域及其相关案例。

 课后思考题

1. 简述三维扫描的基本方法。
2. 简述几种逆向建模软件的优劣势。

第 **6** 章　切片与数据处理

教学要点

知识要点	学习目标	相关知识
切片的定义	了解切片的目的和过程 掌握切片的定义	3D 打印机的工作方式和切片的关系 切片实现的功能
切片软件概况	掌握切片的工作流程，了解不同切片软件的特点	切片的工作步骤 CuraEngine 等切片软件的特点
Cura 软件的使用方法	掌握 Cura 软件的使用方法	Cura 软件的下载、安装 Cura 软件的设置 三维模型的导入 三维模型的旋转等编辑 切片过程的参数设置 GCode 的生成与保存

课前准备

　　3D 打印机使用之前，需要生成控制打印机运动的 GCode 文件，那么就需要事先对物体的三维模型进行处理。根据 3D 打印机的工作原理，通过把三维模型分层切片、提取轮廓信息、生成内部支撑、生成打印路径以及 GCode 等处理，完成切片软件的任务。

　　这些切片软件的任务是如何完成的？目前流行的切片软件有哪些？它们分别有什么特点？如何由一个三维模型生成 GCode 文件？想知道这些问题的答案，请开始本章内容的学习。

6.1 切片的定义

在讲解切片定义之前，首先简单温习一下3D打印机的工作原理。以目前市场上普遍应用的熔融沉积型（FDM）技术为例，该技术通过打印机喷头将材料从下至上分层堆叠，直至物体打印完毕，如图6-1所示。

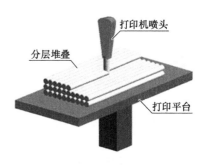

图6-1 FDM 3D打印的原理

打印头的运动路径是切片软件根据物体三维模型生成的。既然3D打印机的工作原理是分层叠加，所以就需要根据物体三维模型获得每一层的轮廓并生成打印头运动轨迹，这时就需要将物体三维模型进行切片处理。因此，3D打印中的切片可以定义为将三维模型按照一定的方向进行逐层切割，并根据每层的轮廓生成打印路径的过程。其中，切片的方向通常为平行于打印平台的方向，也同时与打印头保持垂直。切片过程中每一层的厚度即为打印机挤出打印材料的厚度，典型的厚度有0.2mm、0.1mm，用户可以自己通过切片软件设置。分层厚度越大，物体需要被分层的数量越少，打印完成后物体表面的阶梯越明显，打印速度越快；分层厚度越小，物体被分层的数量越多，物体表面越光滑，打印速度越慢。分层后仅得到一组无序、封闭的物体轮廓线，还需要利用相应算法进行路径规划，才能生成打印头的运动路径。良好的路径规划可以有效提高打印头的运动效率，使打印机在最短的时间内完成打印任务。打印路径生成后，就可以转化为数控程序指令GCODE并生成相应打印机要求的格式文件，以供打印机读取。

6.2 切片软件

完成以上切片功能的软件称为切片软件。至此我们看到，切片软件的工作流程如图6-2所示。

1）读入物体的三维模型到切片软件，常用格式为STL。通常可以在切片软件中进行模型观察、旋转、缩放等基本操作。

2）根据所设定的层厚，把物体模型沿与打印平台平行的方向进行切片处理。此步骤相当于把3D模型转化为一系列2D平面数据的过程。

3）切片分析。根据切片后得到的物体每层的轮廓线，生成物体内表面，形

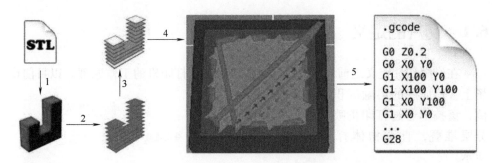

图 6-2 切片软件工作流程

成有一定厚度的物体表面,产生打印物体所需的内部填充和物体外部悬空部分的支撑。

4)产生并优化打印路径。根据切片分析后得到的一系列 2D 多边形,利用路径产生、优化算法把 2D 多边形转化为打印路径并进行优化。

5)生成 GCode 代码。根据打印路径,生成打印机硬件可识别的 GCode 代码,实现对打印头运动的精确控制。

目前已经有多个 3D 打印机巨头推出了与其打印机硬件相匹配的切片软件,也有一些公司推出了开源的切片引擎,3D 打印机厂商只需开发自己的前台控制软件,然后调用相应的切片引擎即可。前台控制软件仅包含模型载入、编辑等功能,切片功能包含在切片引擎中完成。目前运用较广泛的切片软件有 Maker-Ware、ReplicatorG、Repetier-Host、Cura、Printrun、BotQueue,这些软件调用的切片引擎有 CuraEngine、Slic3r、Skeinforge、KISSlicer、SFACT 等。作为切片功能的直接执行者,切片引擎的优劣直接决定了切片质量以及模型打印质量。不同的切片引擎在切片速度和精度上各有特点,下面分别对主要的切片引擎进行简单介绍,以供 3D 爱好者选择。

1. CuraEngine

CuraEngine 是由 3D 打印机巨头 Ultimaker 公司开发并维护的一款切片引擎,其应用界面如图 6-3 所示。其对应的切片软件为 Cura,该软件由于其开源特性受到广大 3D 打印机厂商和爱好者的喜爱,他们可以根据自己的需要对 CuraEngine 定制、修改。Cura 不仅可以用于 Ultimaker 公司生产的 3D 打印机,也可以用于其他品牌的产品。用户还可以按照自己的打印机参数对 Cura 进行配置,使用十分灵活、方便。由于 CuraEngine 预先对三维模型进行了优化,并且对网格化三维模型的点、线、面之间的关系做了预处理,因此切片速度较快。但在优化过程中,CuraEngine 会对模型中特殊的结构做必要的近似处理,因此在某些情况下打印精度会有微小的损失,但这些损失几乎可以忽略不计。

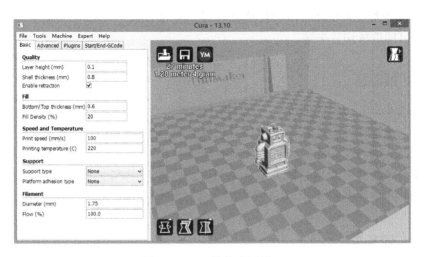

图 6-3　Cura 软件应用界面

2. Slic3r

Slic3r 是采用 C ++ 开发的一款切片软件，知名 3D 打印机厂商 Makerbot 使用的就是这款切片软件，其应用界面如图 6-4 所示。该软件的特点有可调参数多、支持可变层高设定、切片速度快、容错性高等特点。Slic3r 还包括 3D 预览、预览刀具路径、3D 蜂窝填充等功能。

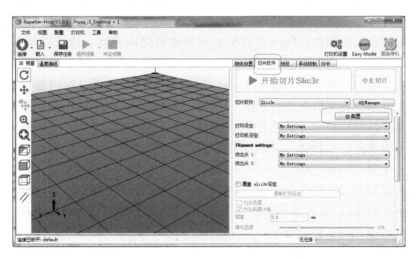

图 6-4　Slic3r 软件应用界面

3. Skeinforge

Skeinforge 是一款基于 Phthon 语言开发的切片软件，国内先临公司推出的 Einstart 3D 打印机采用的就是该软件。Skeinforge 对不同拓扑结构的三维模型进行切片时处理效果较好，但切片速度较慢，容错性较低，如三维模型有破面或破洞时可能造成切片失败。

 扩展阅读

　　与以上三款切片软件相比，其余两个切片引擎 KISSlicer 和 SFACT 的应用范围较窄，不另行讨论。这里需要特别介绍一下 Repeiter-Host 切片软件，它的特点是可以更换切片引擎，让用户在 CuraEngine、Skeinforge 和 Slic3r 中自由选择，同时在打印过程中可以在计算机上看到下一个打印轨迹，对于调试非常方便，因此 Repeiter-Host 被多款 3D 打印机作为首选的切片软件。

6.3　Cura 软件

　　Cura 是一款开源的 3D 打印机切片软件，可以完成模型读入、模型旋转、模型缩放以及调用切片引擎 CuraEngine 进行切片处理，直至输出可被 3D 打印机识别的 GCode 文件。有一点需要注意的是，Cura 目前也支持调用其他切片引擎进行切片，如 Slic3r、Skeinforge 等，因此使用更加方便灵活。

　　切片软件首先要读入三维模型（通常为三角网格的 STL 格式）；然后根据切片方向和切片厚度，求取一系列切平面与 STL 模型中三角面片的交线；将获得的交线进行排序，使之首尾相连，即可组成切面的轮廓。在求取交线的过程中，需要遍历所有三角面片。Cura 可以分析三角面片之间顶点、边线以及三角面的关系，因此遍历速度较快。

　　切片分层后，还需要对获得的每一层的轮廓进行扫描以对内部设置填充，如图 6-5 所示。内部填充是为了让 3D 打印的物体具有一定的强度，但又不至于浪费材料。扫描填充的方式有往返直线扫描、分区扫描、环形扫描等。所有层被叠加可构成完整的物体，并利用打印路径生成算法产生打印路径，最终将打印路径转化为 GCode 代码。

　　将获得的 Gcode 文件存入 SD 卡并插入 3D 打印机中，3D 打印机控制主板上的固件便开始读取 SD 卡中的 GCode 代码，并根据代码控制电动机逐层打印 3D 模型。典型的 GCode 格式如下：

G0 F9000 X72. 70 Y31. 67 Z0. 30

G0 X72. 70 Y31. 67

G1 F1200 X73. 24 Y30. 74 E0. 02764

　　其中，G0、G1 代表直线运动；F 代表速度，后面的数值就是速度的大小；X、Y、Z 代表三维的坐标，后面的数值分别表示相应的坐标值；E 代表喷头挤

图 6-5 内部填充

出机，后面的数值为挤出机挤出打印材料的位置。用户无须读懂 GCode 代码，只需将 GCode 文件通过 SD 卡送入 3D 打印机中即可。

6.4 Cura 软件的安装、设置与使用

从 Ultimaker 官网找到 Cura 软件并免费下载到计算机中，如图 6-6 所示。双击 Cura 安装程序开始安装，首先要选择安装的磁盘位置。这里需要注意安装路径中仅可使用英文字符，不允许出现中文文件夹名。

然后选择要安装的组件，如图 6-7 所示，可以选择打开 STL 格式的文件或 OBJ 格式的文件，在相应的复选框中勾选即可，然后单击"安装"按钮即可开始安装，直至单击"完成"按钮，Cura 已经顺利地安装到计算机中，软件应用界面如图 6-8 所示。

在 Cura 软件的左侧提供了模型导入、模型移动、模型缩放、模型旋转等基本操作，可供用户查看模型并进行简单的模型编辑操作。在 Cura 软件的右侧，

图 6-6　Cura 软件下载界面

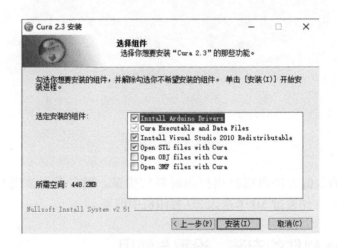

图 6-7　模块选择界面

则为用户提供了选择打印机型号、打印材料以及打印质量等操作。需要注意的是，Cura 允许用户根据自己的打印机情况进行自定义打印机设置。当用户使用的不是主流打印机的打印尺寸时，用户可以自定义打印机。与打印质量相关的详细设置（如打印速度、打印壁厚等）也允许用户自己进行修改和设置。目前版本的 Cura 不需要单击"开始切片"按钮，一旦模型载入成功，即自动开始进行切片。如果用户在模型导入后对模型进行了缩放、移动等修改，Cura 也在完成修改后自动开始切片。在 Cura 观察界面的右下角，还提供了预计的打印时间和耗费打印材料的质量。完成切片后，在整个界面的右下角，可以单击"Save to File"按钮将生成的 GCode 文件保存到计算机中。

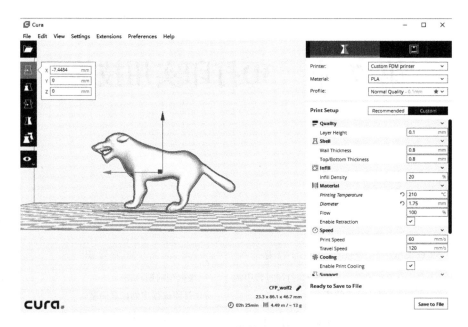

图 6-8 Cura 软件应用界面

 本章小结

本章学习了切片操作的相关基本知识。了解了切片的动机和基本流程；明白了不同切片软件的特点；学习了切片软件的下载、安装、设置以及使用方法；明白了如何产生从一个物体的三维模型到控制 3D 打印机的 GCode 的过程。

 课后思考题

1. 简述切片的定义和过程。

2. 在 GCode 中使用圆弧指令是否可以提高 3D 打印的精度？为什么？

第 7 章　3D打印实用技能

知识要点	学习目标	相关知识
3D打印机的使用技巧	掌握3D打印过程中的技巧	三维模型前期检查 3D打印过程中的设置问题
3D打印机的基本构造和组装方法	掌握3D打印机的构造，了解3D打印机的组装方法	3D打印机的构造 3D打印机各部件的功能 3D打印机的组装流程
3D打印机的使用步骤及问题处理	掌握3D打印机的操作步骤及问题处理	3D打印机的开机 3D打印材料的装入 3D打印机的调平 3D打印机的预热 打印过程中出现的问题及解决方法

　　3D打印机是由电动机控制的机械装置。获得由切片软件生成的GCode代码仅完成了3D打印的软件准备工作，有关3D打印机的操作也是3D打印过程中的重要环节。3D打印机的构造如何？每一部分都有什么功能？如何操作3D打印机进行打印？如何处理一些常见的打印机操作问题？这些问题的答案都可以在本章内容中找到。

7.1　FDM桌面3D打印机实用技巧

　　目前大部分3D打印机的使用还无法做到完全智能化（尤其是FDM类型），

使用前需要操作者进行一些前期的检查和设置，才能够有效降低打印失败的概率。市面上 3D 打印机的型号众多，在这里仅列举一些共性的、常见的问题和使用技巧，以防止打印过程中出现问题，提高打印成功率。

1. 前期模型检查

设计好的三维模型有可能不符合 3D 打印软件的要求。三维模型要保证具有水密性和流形。水密性是指三维模型要密封，不能有漏洞。形象地讲，就是假如在模型中注入水，水不能流出。如图 7-1 所示，该四面体的其中一个面缺少一个三角面片，导致模型不具有水密性。这样的模型在切片过程中无法构成一个封闭的轮廓，无法正确地进行 3D 打印。一个三维模型的三角面片个数可能从十几个到上万个，因此水密性检测依靠人眼判断是远远不够的，可以使用软件，如 AccuTrans 或者 3D Builder 来进行检测和修复。

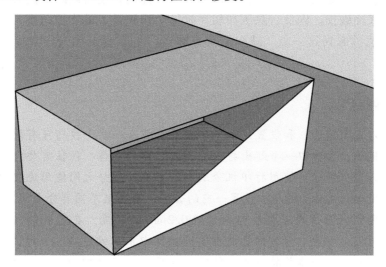

图 7-1　某三维模型的水密性示意图

网格状的三维模型都是依靠单一网格的点、线、面来构成复杂物体的，因此点、线、面之间的关系必须清晰。例如，在 STL 三角网格模型中，两点构成一条线，三条线构成一个三角面片，两个三角面片共用一条边，这些规则是一个正确的三维模型应当遵守的。当一个网格模型中存在 3 个（或以上）面共用一条边的情况时，那么这个三维模型就是非流形的，非流形会导致模型无法成功被打印。

2. 切片设置注意事项

（1）层厚　三维模型需要经过分层切片后才可以转化为供 3D 打印机识别的 GCode。层厚越小，打印物体表面越精细，打印速度越慢。层厚越大，打印物体表面阶梯感越明显，打印速度越快。在设置切片层厚时，除了考虑打印效果外，还要考虑到所使用打印机的极限。比如所使用的打印机喷头最小挤出 0.1mm 的材料，所设置的切片厚度就不能低于这个数值。还有一点需要注意的是，模型中设计的最小细节部分不能小于 0.1mm，否则物体无法正确打印。因此，事先了解打印机的性能至关重要。

（2）支撑的设置　对于三维模型中出现的悬空部分，需要使用支撑材料从下面进行填补，以保证打印过程中该部分不发生坍塌。可以直接使用模型材料作为支撑材料，也可以使用另一种较为便宜且易去除的材料作为支撑材料。支撑材料在打印完毕后需要手动拆除。

在切片软件中可以设置需要支撑的阈值，不同打印机的极限角度略有不同，通常设置为 45°。即物体表面与 Z 轴夹角大于 45°且悬空，就需要为这部分增加支撑。最大限度地减少支撑不仅可以提高打印速度，还可以减少因去除支撑引起的物体表面破损。因此，除了在切片软件中设置最大的支撑角度，也应在模型设计时就考虑到这一点，减少需要支撑部分的设计，或采用盘旋式设计来代替。

 扩展阅读

除了以上前期检测和设置的注意事项外，还有一些小技巧可有效提高打印成功率。例如，要打印一个超出打印机构建范围的物体，往往需要将物体分成多个部分，每个部分可使用打印机分别打印，不同部分之间使用连接口进行连接。这种情况就需要为连接口设置一定的公差，来保证不同部分之间可以吻合。通常在需要紧密贴合的连接口部分预留 0.2mm 的宽度，在宽松贴合部分预留 0.4mm 的宽度。调整打印方向也是在实际操作中常用的方法。如对于物体上的某些支撑部分，在物体旋转到某一特定角度后就可避免增加支撑。因此可以对物体的打印方向进行观察和判断，以最大限度地减少支撑。

7.2　组装桌面 3D 打印机

大多数购买的 3D 打印机都是已经组装完成并经过调试检测的，因此无须自己对打印机进行组装。为了使大家对 3D 打印机的了解更加深刻，以下将详细介绍组装桌面 3D 打印机的过程。通过逐一组装各个功能模块，再搭建完成完整的一台打印机，使操作者更准确地了解其中各功能模块的构造和作用，以便在日后 3D 打印机出现故障时排除维修起来更加得心应手。

本次组装的 3D 打印机机型为本书编者之一的河南工业大学信息科学与工程学院吕磊老师及其团队自主设计开发的 FDM 式 3D 打印机。该打印机最大可以打印230mm×200mm×200mm的物体，打印层厚可达0.1mm。该机器的工作原理与Ultimaker 3D打印机的类似，具有一定的代表性和较高的性价比，且稳定性，精度较高。这打印机的工作原理和过程如下：

通过X轴、Y轴伺服电动机和传动带带动打印头在X、Y平面上运动，挤出机也通过电动机转动将打印材料（PLA或ABS等）经过加热腔送入打印机喷头。打印材料在加热腔熔化变成可流动的液态，从打印机喷头出来的材料被挤成一层薄片并被粘贴在打印平台上。这一层薄片在接触到打印平台后迅速冷却固化，形成一层物体的轮廓。然后Z轴电动机将打印平台略微向下移动一层，打印头再继续挤出下一层材料。这样反复操作，直至完成整个物体的打印。

3D打印机的主要材料清单见表7-1。

表7-1　3D打印机的主要材料清单

名　称	数　量
3D打印机外壳	1套
3D打印机主板	1块
3D打印机电源	1个
3D打印机显示屏	1块
3D打印机步进电动机	4个
3D打印机高强度直线光杆	M8，6条；M5，2条
限位开关	3个
同步带齿轮	8个
传动带	1条（长为3m）
喷头	1个
挤出机	1套
打印平台	1套
风扇	1个

3D打印机组装完成后的效果图7-2所示。

打印机的组装过程主要包含外壳组装、电源模块安装、开关安装、Z轴电动机安装、3D打印机主板安装、X轴模块安装、Y轴电动机/光杆安装、X轴安装、限位开关安装、打印头安装、Z轴及打印平台安装、3D打印机主控板连接等步骤，下面分步进行介绍。

1. 外壳的组装

外壳也可以被认为是打印机的框架，功能类似于台式计算机的机箱。外壳搭建完毕（图7-3）后，其余的各个功能模块则依附在外壳上。该打印机外壳为亚克力（有机玻璃）材质的四方体，组装完毕后可撕去粘在亚克力板上的保护膜。

图 7-2　3D 打印机组装完成后的效果

图 7-3　外壳的组装

2. 电源模块的安装

电源模块主要为3D打印机中各功能模块供电，其安装如图7-4所示。需要供电的模块有电动机、打印机主板、加热腔等。

图 7-4　电源模块的安装

3. 开关的安装

3D 打印机的开关用于控制启动与关闭打印机。将开关用螺钉固定在开关孔上，并将相关线路按照图 7-5 连接好。

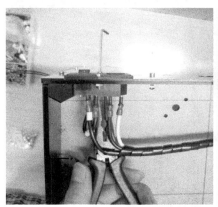

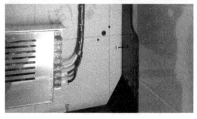

图 7-5　开关的安装

4. Z 轴电动机的安装

将 Z 轴电动机经底板上的圆孔穿过，并固定在底板上，如图 7-6 所示。

5. 3D 打印机主板的安装

将 3D 打印机主板与外壳上的数据线插孔对齐并进行安装，然后从电源模块接入电源线供电。最终各模块的连接情况如图 7-7 所示。

6. X 轴模块的安装

配合 X 轴滑动模块、X 轴电动机、直线光杆以及传动带等材料，组装 X 轴模块，如图 7-8 所示。使 X 轴滑动模块可以在电动机和传动带的带动下自由滑动。

7. Y 轴电动机/光杆的安装

Y 轴电动机需要被固定在打印机外壳上，通过传动带控制 X 轴模块整体沿 Y 轴运动。此步骤主要安装 Y 轴电动机和光杆。

图 7-6　Z 轴电动机安装

1）首先在打印机外壳上安装球轴承，如图 7-9 所示。

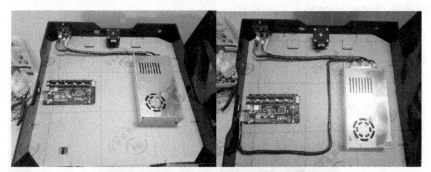

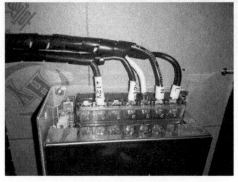

图 7-7　主板的安装

图7-8　X轴模块的安装

图7-9　球轴承的安装

2）Y 轴光杆按照图 7-10 装配好齿轮、垫圈等配件，然后放入外壳中。

图 7-10　Y 轴光杆的安装

3）最后安装 Y 轴电动机，如图 7-11 所示。

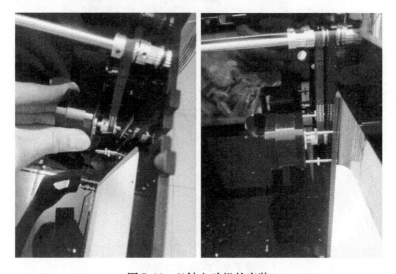

图 7-11　Y 轴电动机的安装

8. X 轴的安装

将 X 轴运动的两根直线光杆穿过 X 轴模块固定到外壳上，如图 7-12 所示。安装后 X 轴滑动模块可以自由地在 X 和 Y 方向滑动。

图 7-12　X 轴安装

9. X、Y、Z 轴限位开关的安装

限位开关可以有效地防止电动机运动到有效范围之外。如图 7-13 所示，分别将 X、Y、Z 轴的限位开关安装到外壳上，并将有关连线连接好。

图 7-13　限位器的安装

10. 打印头的安装

先将喷嘴和加热模块安装到 X 轴滑动模块上，再将挤出机安装在加热模块上，注意挤出机的出口与喷嘴的入口对齐。为了更好地控制温度和散热，将散热风扇安装在挤出机上，如图 7-14 所示。

图 7-14　打印头的安装

11. Z 轴及打印平台安装

打印平台由 Z 轴电动机控制，在打印过程中每打印结束一层打印平台向下移动一层的距离。

1）进行打印平台的组装，如图 7-15 所示。

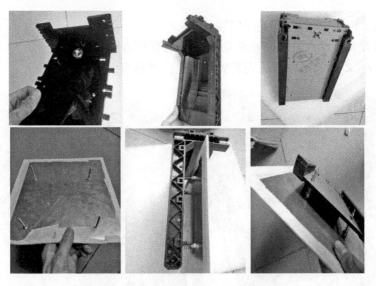

图 7-15　打印平台安装

2）打印平台组装好后，把 Z 轴丝杆从 Z 轴螺孔中穿过，如图 7-16 所示。最后将打印平台通过两根 Z 轴滑杆固定到外壳上，并将 Z 轴丝杆安装到 Z 轴电动机上。

图 7-16 Z 轴丝杆安装

12. 3D 打印机主控板的连接

3D 打印机的 X、Y、Z 轴电动机和风扇、温度传感器等器件都需要与主控板连接，以完成供电、控制和信息采集。主控板就像是 3D 打印机的大脑一样发出指令，收集信息。3D 打印机主控板与其他各模块的连接如图 7-17 所示。

图 7-17 打印机主控板连接

注：图中 Z、Y、X、挤、Z 限、Y 限、X 限分别表示 Z 轴电动机、Y 轴电动机、X 轴电动机、
挤出机、Z 轴限位器、Y 轴限位器和 X 轴限位器。

1）将加热腔和冷却风扇按图7-18连接。

图 7-18　加热腔和冷却风扇的连接

2）接线完成后的情况如图7-19所示。

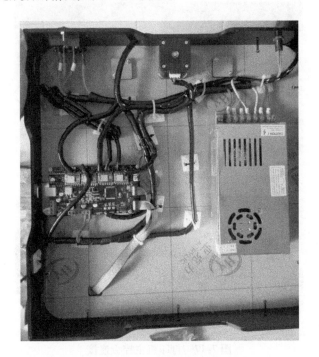

图 7-19　接线完成后的情况

7.3　3D 打印机的使用步骤

3D 打印机组装好并检查无误后方可进行 3D 模型打印。

1. 准备工作

首先使用 Cura 软件对模型进行切片处理，并生成打印机可识别的 GCode 文件。将 GCode 文件复制到 SD 卡，然后将 SD 卡插入打印机的卡槽中。接通打印机电源，打开打印机开关。

2. 打印平台的调平

由于 3D 打印机是逐层堆叠进行物体的打印的，因此打印平台是否垂直于打印头是成功完成 3D 打印的关键因素之一。在拿到一个新的打印机或者长时间未使用的打印机时，首先要进行的就是打印平台的调平。

打印机的调平就是测试打印头距离打印平台不同点的位置是否相等。一个最简单的方法是将一张 A4 打印纸放于打印平台和打印头之间，然后让打印头移动到打印平台上的四个角的位置和平台中心位置，尝试拖动 A4 打印纸。如果 A4 打印纸在打印平台和打印头之间可以移动但又与打印头之间产生轻微摩擦，即可认为打印头和打印平台的距离适中。依次选择打印平台上的上述五个点做相同的测试。假如在这五个点上打印头和打印平台的距离都符合上述要求，则认为打印平台被调平。假如某一点上打印头与打印平台的距离过大，则调整打印平台底部的螺钉，使此位置的平台升高，直至距离适中。假如某一点上打印头与打印平台的距离过小，则同样调整打印平台底部的螺钉，降低此位置的打印平台，直至距离适中。在调整打印平台前，首先要在 3D 打印机中选择控制 3D 打印机进行调平程序，使打印平台复位，才可以进行上述测试。

3. 装入打印材料

打印平台调整完毕后，下一步可以装入打印材料。装入打印材料是指将 3D 打印材料（通常为 PLA 或 ABS 丝料，丝料直径为 1.75mm）载入到挤出机中，使挤出机可以有效地控制打印材料的挤料与回抽。需要注意的是，装入打印材料前，需要将打印头加热到打印材料熔化的温度（通常为230℃左右），否则打印材料无法从喷头挤出，无法判断是否装载成功。控制打印机按钮，选择"PLA 预热"选项，打印机进入加热状态，直至达到目标温度。将打印材料从打印头材料入口放入，然后选择"运动控制"中的"出丝"选项，转动按钮控制挤出机工作，装载打印材料进入打印机。可以通过两个方面判断材料是否装载成功，第一是感觉到打印材料随着挤出机的挤出动作被吃进打印机；第二是打印材料从喷嘴处被挤出。当这两种现象出现后，说明材料装入成功。

4. 打印

在完成前面两步后，就可以进行打印了。控制按钮选择"SD 卡"选项，进入 SD 目录，选择需要打印的 GCode 文件，确定后打印机进入打印过程。

7.4 打印过程中的常见问题

1. 无法装入打印材料

有时会发生按照打印材料装载步骤操作却无法正常装载打印材料的情况，此时可以按以下方法逐一排查问题所在：

1）检查打印机是否加热到可以熔化打印材料的温度。如果打印机温度还未上升到设定温度，打印材料进入加热腔后不发生熔化，打印材料无法从喷嘴挤出。

2）挤出机无法卡住打印材料。只有当挤出机卡住打印材料后，才可以随着挤出机的转动，打印材料发生运动。有时打印材料无法被挤出机卡住，这时可以尝试加大打印材料插入的力度；若依旧无法成功装载，可将打印材料的头部剪成斜角，然后垂直进入挤出机的入口位置，用力使材料进入挤出机。此过程中也可以使用钳子等工具，但材料要保持垂直，不要倾斜。

2. 喷嘴吐丝异常

在打印过程中，会出现喷嘴吐丝不流畅的状况，此时应进行以下检查：

1）检查挤出机是否出现工作异常。

2）检查打印机设定的温度是否与打印材料所要求的温度一致。

3）检查切片参数，查看是否回抽距离设置过大导致材料回抽后无法返回。

3. 喷嘴堵塞

有时喷嘴会发生完全堵塞的情况。这主要是因为在打印过程中，由于挤出材料的线宽受喷嘴直径、挤出速度以及打印头移动速度等因素的影响。若这些因素不能协调工作，则会发生实际挤出线宽大于理论线宽的情况发生。当这一现象发生后，材料挤出后会粘贴在喷嘴外侧。随着材料的累积越来越多，喷嘴堵塞就会发生。当堵塞发生后，可进行以下操作进行疏通清理：

1）使用钢针从上至下插入喷嘴中疏通。

2）拆卸喷嘴，清理喷嘴内部的残留耗材。

3）提高打印温度，使喷嘴中的耗材先充分融化，再进行打印。

4. 打印材料无法完全粘贴在打印平台

打印材料的第一层无法完全粘贴在打印平台上，将会影响后面每一层的打印，严重的将导致打印失败。此时需要进行以下检查：

1）检查打印平台的材质是否可供打印材料粘贴，某些材质（比如亚克力材质）不易被打印材料粘贴的，此时应在打印平台上均匀地涂抹一层胶水或固体胶，或者使用胶带粘贴在打印平台上。

2）检查打印头和打印平台的距离是否具有一张 A4 纸的距离，因为距离太远或太近都有可能导致无法粘贴在平台上。

3）检查打印机出料是否正常，是否有出料过少的现象。

4）如果以上操作都不能解决问题，则可以尝试在打印模型底部加打印底座（Raft），使打印物体更容易粘贴在平台上。

5. 打印物体翘边

在使用 ABS 材料进行打印时，模型经常会发生翘边，尤其在物体模型较大或模型底部面积较大时，翘边问题更为严重。

引起翘边的根本原因是：在 3D 打印过程中，打印材料经历了由固态熔化到液态再冷却到固态的阶段。由于材料体积的热胀冷缩，导致挤出材料产生内应力从而引起模型的变形、翘边或者分层。在使用桌面 FDM 式 3D 打印机时，当模型底部与打印平台粘贴无力时，或者温度下降过快导致材料收缩时，翘边现象就十分容易发生。引起翘边的原因有打印平台加热不均匀、ABS 材料的弹性和收缩度不足以及打印速度过慢等。可以通过调节打印平台温度来减少或减轻翘边。

在 Makerbot 切片软件中，用户还可以通过添加辅助盘来防止物体模型发生翘边。在物体容易发生翘边的地方（如物体的边角处）放置辅助盘，如图 7-20 所示。打印时先使辅助盘与打印平台接触，物体位于辅助盘上，可有效地避免翘边。放置辅助盘可通过 File →Examples →Helper Disks 操作来完成。辅助盘只需被物体边角压住一部分即可，这样也方便后续拆除。

图 7-20　放置辅助盘

6. 打印头运动失常

在打印过程中，打印头运动可能会发生移动不到位的现象，这可能由电动机失步导致，需进行以下检查：

1）检查电动机同步轮是否拧紧。

2）检查滑杆阻力是否太大导致运动不流畅。

7. 打印模型形状失真

打印机发生打印模型形状失真，比如要打印一个正方形，结果打印出来的是矩形；要打印一个圆形，结果打印出来的是椭圆形。此种情况是由于 X 轴和 Y 轴不是正交造成的，此时就要调整使之正交。调整的方法是分别移动 X 轴到外壳的两侧，观察并调整使 X 轴与外壳平行。再移动 Y 轴到外壳两侧，观察并调整使 Y 轴与外壳平行。

 本章小结

本章学习了 3D 打印操作的基本知识。了解了 3D 打印机的构成原理；明白了 3D 打印机各部件的功能；学习了 3D 打印机的组装过程；明白了如何操作 3D 打印机；学习了 3D 打印机操作过程中的常见问题及处理方法。

 课后思考题

1. 3D 打印机的使用步骤。

2. 如何组装桌面 3D 打印机。

第 8 章 实操案例

教学要点

知识要点	学习目标	相关知识
三维模型的获取	掌握获取模型方法	国内3D打印模型网站
三维模型切片处理	掌握三维切片软件的使用方法	切片软件界面 打印参数设置 模型调整及添加支撑
3D打印机操作	掌握3D打印设备的操作方法	3D打印机操作界面

课前准备

　　本章内容着重介绍从数字模型到实物的3D打印全过程，同学们需要先下载好切片软件，掌握3D打印机的工作原理。

8.1　三维模型的获取

　　通常的三维模型是由建模设计师利用第4章介绍的三维建模软件或第5章介绍的三维扫描技术获取的，建模过程涉及艺术设计或工业设计相关理论知识和相关软件的使用，入门门槛较高。但是随着互联网的发展，3D打印公共服务平台开始兴起，越来越多的三维模型共享网站让即使不懂设计和建模的爱好者也可以获得自己喜欢的模型，某3D打印云平台所提供的三维模型如图8-1所示。

　　对于模型的获取，本章不做深入讲解，重点介绍如何将获取的三维模型利用3D打印的方式变为现实。

图 8-1   某 3D 打印云平台所提供的三维模型

8.2　三维模型的切片处理

在第 6 章已经介绍了三维切片的定义和常用的三维切片软件，简单来说，三维切片的目的是将三维模型转变为 3D 打印机可以识别的数据，进而控制打印机加工部位的工作路径。

本节以初学者最容易上手的三维切片软件 Cura 为例，详细地介绍三维切片过程。

1. 软件的版本选择

Cura 软件是一款开源的三维切片软件，几乎所有的桌面级 FDM 设备都可以采用 Cura 软件来进行数据处理。为便于用户操作，国内也有不少设备厂家在 Cura 软件内核的基础上开发了适用于本厂设备的软件。

Cura 原版软件是英文操作界面，其操作界面如图 8-2 所示，界面偏向国外风格，初学者使用起来多有不便，因此本书以安装 Cura 汉化补丁后的软件为例，对 Cura 软件的操作进行讲解。图 8-3 所示为 Cura 汉化版启动界面，图 8-4 所示为 Cura 汉化版软件某一操作界面。

2. 设置机器类型

打开 Cura 软件后，首先要对打印机进行定义，目的是保证模型操作的边界与打印机的实际工作范围一致，避免打印机无法识别所处理的数据。Cura 软件

图 8-2　Cura 原版软件操作界面

图 8-3　Cura 汉化版启动界面

出厂时保存了部分机型的参数，可直接默认参数，也可以选择其他机型，自定义设备参数。

如图 8-5 所示，在自定义设备参数时，主要对四个参数进行设置：

1）打印尺寸，即打印机在 X、Y、Z 方向可运动的最大距离。

2）喷嘴直径，喷嘴直径一般为 $0.2 \sim 0.5\text{mm}$，常用的直径是 0.4mm。

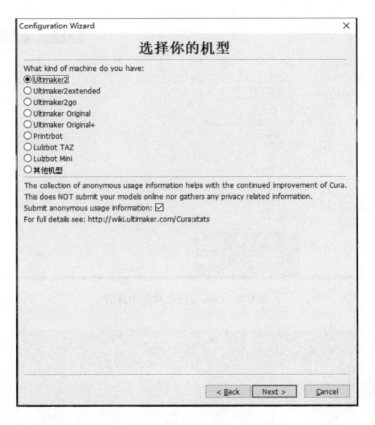

图 8-4　Cura 汉化版软件某一操作界面

3）是否具有热床。

4）平台中心位置，即设置零点。一般的设备零点位置不在平台中心，而是在某个边角，因此不需勾选此项。

3. 打开模型文件

设备参数设置完成后将进入数据切片界面，如图 8-6 所示，界面中蓝色部分即为模型存放和处理的范围，其大小等于设备的打印尺寸。

Cura 软件的操作简单方便，容易上手，右上方一栏为菜单栏，如图 8-7 所示，单击第一个菜单"文件"，选择"读取模型文件"，找到已存储为 STL 格式的模型文件双击，即成功地将模型导入 Cura 中，准备进行切片操作，如图 8-8 所示。

4. 处理模型

模型导入后最基本的处理有三种：模型旋转、模型缩放和镜像处理，其快捷命令在模型界面的左下角。

Configuration Wizard ✕

Custom RepRap information

RepRap machines can be vastly different, so here you can set your own settings.
Be sure to review the default profile before running it on your machine.
If you like a default profile for your machine added,
then make an issue on github.

You will have to manually install Marlin or Sprinter firmware.

机型名称	fanrui
Machine width X (mm)	255
Machine depth Y (mm)	255
Machine height Z (mm)	305
喷嘴孔径	0.5
热床	☑
平台中心为0,0,0	☐

< Back   Finish   Cancel

图 8-5　Cura 软件机器基本参数设置界面

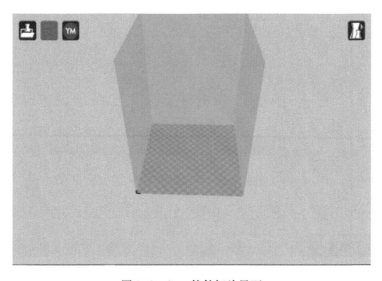

图 8-6　Cura 软件切片界面

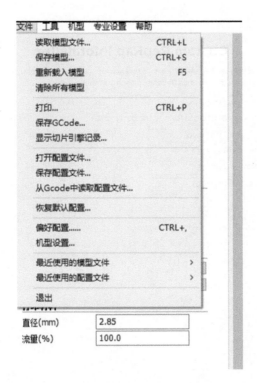

图 8-7　Cura 软件"文件"菜单栏

图 8-8　模型导入后的界面

（1）模型旋转　单击"Rotate"按钮，可对模型进行旋转处理，如图 8-9 所示。可分别绕 X、Y、Z 轴进行旋转，调整模型在打印机中的摆放角度。此功能多用于调整悬空结构，从而减少了支撑的使用，提高了打印质量和打印效率。

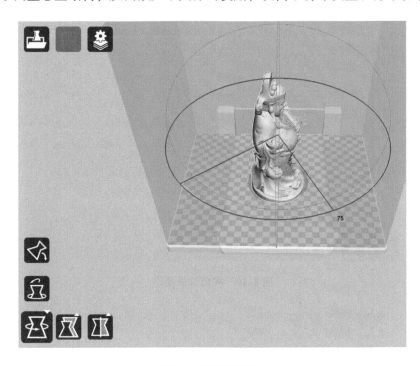

图 8-9　模型旋转操作

（2）模型缩放　单击"Scale"按钮，可对模型进行缩放处理，如图 8-10 所示。缩放方式有两种：按比例缩放和尺寸缩放。一般情况下，模型 X、Y、Z 三个方向的缩放比例是固定的，即调整任一方向尺寸，其他两个方向也跟着进行等比例缩放，保证模型形状不发生变化。如果需对某些方向缩放，可单击"uniform scale"选项右侧的"锁"，解除比例限制，即可进行不等比例缩放，如图 8-11 所示。

（3）模型镜像　单击"Mirror"按钮，可对模型进行镜像处理，如图 8-12 所示。镜像处理可在 X、Y、Z 三个方向上分别镜像，一般用于对称结构的打印，避免重复建模。

5. 设置打印参数

FDM 打印机参数较少，大多数参数是通用的，只需要调整局部参数即可。

（1）基本设置　图 8-13 所示为 FDM 打印机参数设置界面。

为方便读者理解，下面对相关参数进行解释。

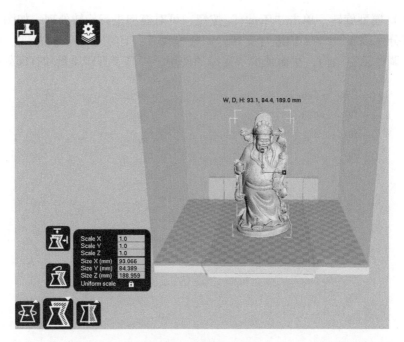

图 8-10　模型缩放操作

图 8-11　解除比例锁定后的尺寸缩放

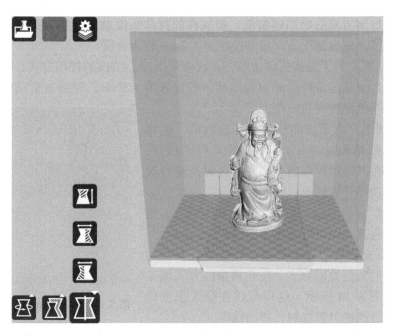

图 8-12 镜像操作界面

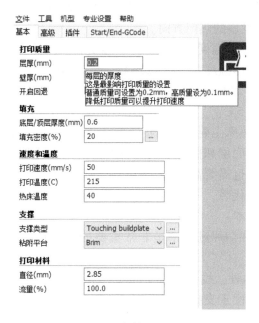

图 8-13 参数设置界面

1）层厚。层厚就是打印过程中每一层挤出耗材的厚度，层厚直接影响打印物品表面质量和打印速度。目前 FDM 打印设备的精度也是以层厚来决定的，层厚越小，打印出来的物品越精细，但同样的打印高度就需要更多的层，即打印速度降低了。一般情况下，层厚设置为 0.2mm 较为合适。

2）壁厚。为了提高打印速度，一般会采用空心结构的打印方式，填充率可进行设置，壁厚即最外层的包裹厚度一般设置为 1.0mm，对强度要求较高的产品可将壁厚值设置得高一些。

3）回退。由于打印机出丝是连续的，比如在打印 U 形结构时，由于其中间是非打印部分，为了防止在打印过程中遇到非打印区时产生拉丝现象，可选择开启回退。

4）底/顶层厚度。和壁厚功能基本相同，为上下面的包裹，设置方式也与壁厚相同。

5）填充密度。为了提高打印速度，可采用空心结构的数据处理方式，按照网格的方式填充处理，如图 8-14 所示。这样可以在保证强度的前提下尽可能地节省耗材，提高效率。

图 8-14　网格填充密度为 15%

6）打印速度。打印速度主要根据送丝电动机、光轴和步进电动机的选择来确定，速度越慢越稳定，精度越高，在保证精度和稳定性的前提下提高打印速度是目前 FDM 设备发展的热门方向。

7）打印温度和热床温度的设置。打印温度和热床温度根据选材来设置，打印 PLA，一般设置打印温度为 200～220℃，热床温度为 40～50℃；打印尼龙材料，设置打印温度为 280～320℃，热床温度为 50～60℃。本书以 PLA 为例进行设置，温度设置为 215℃。

8）热床。增加热床主要是提高底层与平台的黏结性，同时避免一些材料挤出时热胀冷缩，导致底层翘曲。不同材料所需要的热床温度也是不一样的，熔点高的材料热床温度也需要高一些。但是大部分家用 FDM 设备是不带热床的，而是采用低温美纹纸代替，一方面因为家用产品对形状精度要求不高，另一方面热床将增加整体成本。

9）支撑。支撑在切片过程中是非常重要的一个环节，支撑的设置界面如图 8-15所示。

① 支撑类型有两种：线型支撑（lines）和网格支撑（Everywhere）。线型支撑更容易去除，但是由于支撑密度不够，所支撑部分的表面平整度较差，而网格支撑则相反。

② 支撑角度是指在模型上判断需要生成支撑的最小角度，0°是水平的，90°是垂直的。

③ 支撑数量指支撑材料的填充密度，较少的材料可以让支撑比较容易剥离，

图 8-15　支撑设置界面

这里 15% 是一个比较合适的数值。

④ X/Y 轴距离是支撑材料在 X/Y 方向和物体的距离，一般设置为 0.7mm，这样支撑和打印物体不会粘在一起。

⑤ Z 轴距离是支撑在 Z 方向和打印物体的底部和顶部距离，小的间距可以让支撑很容易地去除，但是会导致打印效果变差，一般设置为 0.15mm。

⑥ 黏附平台是为了防止模型翘边/增加模型与底板的黏结度，分为两种类型：第一种是在模型外圈附加一圈底座帮助模型更牢固地黏附在平台上；第二种是模型整个底部附加底座来帮助模型黏附在平台上。一般推荐使用第一种。

⑦ 直径是指所使用耗材的直径，根据所选用耗材直径输入相应数值。这里选用的是 3.0mm 的耗材，输入 3.0 即可。如果操作者不能确定这个数值，可进行一些校正，较低的数值会有较多的料挤出，而较高的数值会有较少的料挤出。

（2）高级设置　调节打印机在打印过程中详细的设置参数，截面如图 8-16 所示，为方便读者理解，下面对部分设置加以说明：

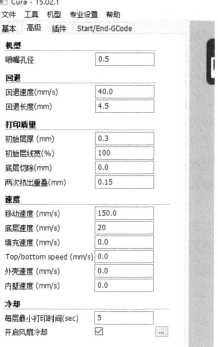

图 8-16　高级设置

1）喷嘴孔径。它是指打印机喷头的口径，有 0.2mm、0.3mm、0.4mm、0.5mm 等规格。这里根据不同的喷头来设置不同的参数。

2）回退。它是指在打印过程中打印头跨越非打印区域时回退一定长度的耗材，以防止拉丝。直径 3.0mm 的耗材回退速度一般使用 30mm/s，退回长度使用 6mm 时效果最佳；直径 1.75mm 的耗材回退速度一般使用 20mm/s，退回长度使用 2mm 时效果最佳。在这里注意，过快的回退速度会导致回退打滑，甚至耗材断裂。0 表示无回退。

3）打印质量。包含初始层厚、初始层线宽、底层切除和两次挤出重叠四个参数。初始层厚指的是第一层的打印层厚度。稍厚的初始层厚可使模型更牢固地粘在打印平台上；0 表示所有层厚相同。不建议使用 0.2mm 以下初始层厚。初始层线宽为第一层打印的线材宽度，稍大的宽度可以让模型更牢固地粘在打印平台上，100% 表示所有宽度相同。底层切除是将模型底部切除一定的高度，把凹凸不平的模型底部切平打印，或者切除已经打印过的模型高度，以方便粘接。两次挤出重叠是添加一定的重叠挤出，这样能使层与层更好地融合。

4）速度。包含移动速度、底层速度、填充速度、Top/bottom speed（上下面打印速度）、外壳速度和内壁速度。移动速度指的是在移动喷头时的速度，这个移动速度指的是非打印状态下的速度，建议不要超过 150mm/s，否则可能造成电动机丢步。底层速度指的是第一层打印的速度，一般使用 20mm/s 效果最佳，0 表示全程速度。稍慢的打印速度可以使模型更牢固地粘在打印平台上。填充速度为打印模型填充时的打印速度，包括内部填充及上下面填充，0 为全程打印速度。Top/bottom speed 指上下面的打印速度，可以设置比正常打印稍慢的速度来打印上下面，以确保模型打印效果更好。外壳速度指打印模型外壁时的速度，比正常打印稍慢的速度会使模型外壁打印出的效果更好。内壁速度指打印模型内壁时的速度，内壁速度可以比外壳速度更快些，以便节省打印时间。注意，内壁和外壳速度差异太大将会影响整体模型的打印质量。

5）冷却。每层最小打印时间为在打印过程中打印每层至少要耗费的时间。在打印下一层前留一定时间让当前层冷却，如果当前层被很快打印完，那么打印机会适当地降低速度，以保证有足够的冷却时间。开启风扇冷却就是在打印期间开启风扇冷却喷头及挤出耗材。在打印过程中，开启风扇冷却是很有必要的。

 扩展阅读

同学们需要明白的是，没有最好的、放之四海皆准的参数。影响打印效果的原因很多，模型的结构外观、房间的温度、需要的精细程度或者所能承受的打印时间等都会影响参数的设置。在刚开始使用打印机时可以完全参照以上的推荐参数来设置，熟悉之后再尝试调整参数，观察调整后带来的变化，逐渐找到自己喜欢的、适合打印环境和模型的参数。

6. 切片

当所有的设置都调试好之后，单击"Slice"进行切片，如图8-17所示。

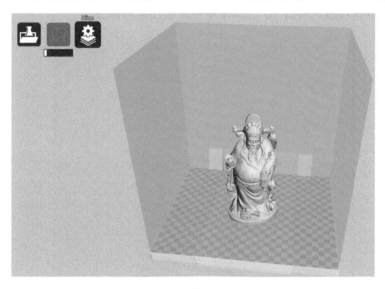

图8-17 模型的切片

切片完成后，可以在"GCode"图标下方看到打印模型的详细情况，包括打印模型所需时间/打印模型所需耗材长度和打印出模型的重量。也可以通过右边的view mode来观察模型的详细情况，如图8-18所示。

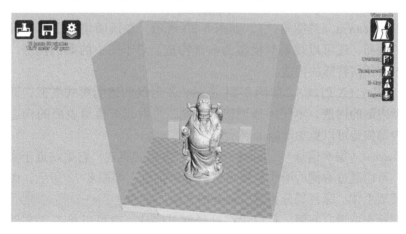

图8-18 模型的观察

通过单击 view mode 可以看到五个选项，分别是 Normal（正常模式）、Overhang（悬空部分）、Transparent（透明模式）、X-Ray（X 射线）、Layers（层次信息）。

1）Normal（正常模式）。即修改后模型的原样，这里不再介绍。

2）Overhang（悬空部分）。如图 8-19 所示，模型悬空部分都会用红色表示，这样可以更容易地观察出 3D 打印模型中出现问题的部分。

图 8-19　悬空部分

3）Transparent（透明模式）。如图 8-20 所示，在透明模式中不但可以观察到模型的表面，还可以观察到模型的内部构造。对于图中的案例模型，可以看到内部没有任何特殊的构造。

4）X-Ray（X 射线）。如图 8-21 所示，X 射线和透明模式类似，都是为了观察模型内部的构造，不同于透明模式的是，X 射线下模型表面的构造被忽略了，但内部构造可以更加清晰地展示出来。

5）Layers（层次信息）。层次信息是比较重要的模式，它更贴近于实际打印的过程。可以通过右侧的滑块单独观察每层的信息，如图 8-22 所示，图中红色部分是模型主体，绿色部分为悬空部分的支撑。

模型检查后没有问题，且设置都已经调试完成，就可以单击"文件→保存GCode"保存，如图 8-23 所示。

图 8-20　透明模式

图 8-21　X 射线模式

图 8-22　层次信息

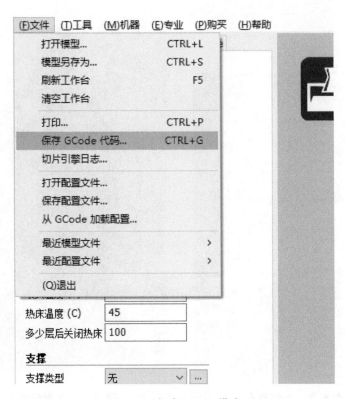

图 8-23　保存 GCode 模式

8.3　3D 打印及后处理

数据处理完成后，可以用 SD 卡、U 盘、有线或无线网络传输至 3D 打印机，不同型号的设备配有不同的接口。虽然接口不同，但是数据导入的流程是一样的，本节以 SD 卡导入方式为例介绍 3D 打印操作。

1. 设备准备

FDM 设备大同小异，具体的构造和参数已在第 7 章详细介绍过，这里不再赘述。将带有数据的 SD 卡插入设备相关接口，观察设备操作界面，确认设备是否已识别，如图 8-24 所示。

将设备调至零位，如图 8-25 所示。一般设备都带有自动归零的功能，如没有，可用手动模式调至零点（一般为平台某边角）。

通过平台四角的调节螺钉调整平台平面度，保证挤出头与平台间隙合适，且挤出头在移动过程中保持在同一平面，如图 8-26 所示，具体操作方法已在第 7 章介绍过。

a) SD卡插入前

b) SD卡插入后

图 8-24　设备插入 SD 卡操作界面

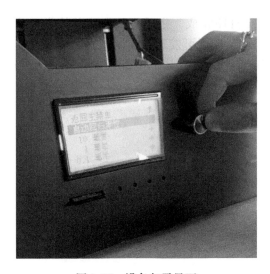

图 8-25　设备归零界面

图 8-26　设备调平操作

2. 自动打印

3D 打印设备自动化程度较高, 设备运行指令均在计算机切片处理后的文件中存储, 硬件参数可在设备自带的操作系统中设置。如图 8-27 所示, 读取经切片处理的模型文件后, 即可开始执行 3D 打印操作, 设备状态将在设备显示面板显示, 如图 8-28 所示, 整个操作过程由设备自动完成, 只需定期检查设备是否运行稳定即可。

a) 名称1

b) 名称2

图 8-27　读取模型文件

3. 完成打印和后处理

按照设定的程序，设备自动运行直至打印完成，之后用铲子或其他类似物体将模型与底板剥离，如图 8-29 所示。观察模型可发现，封闭包裹的部分为实体，稀松的部分为支撑，支撑部分可用手、钳子或其他工具去除，如图 8-30所示。

图 8-28　设备工作状态显示

图 8-29　将打印好的模型剥离

支撑处理完即可得到想要的模型，但是由于使用的是单色打印机，得到的是单色实物，如图 8-31 所示。为了更加美观，可用丙烯颜料对单色实物进行上色处理，上色处理后的实物效果如图 8-32 所示。

图 8-30　去除支撑

图 8-31　去除支撑后的单色实物

图 8-32　上色处理后的实物

本章小结

本章学习了从数字模型到 3D 打印实物的全过程，过程并不复杂，但需要勤加练习，配合第 7 章介绍的 3D 打印机的组装，即可独立完成。

课后练习

1. 简单概括 3D 打印实物的大致流程。
2. 按照本章所述的流程，打印一个实物模型。

参 考 文 献

［1］王运赣，王宣. 3D 打印技术［M］. 武汉：华中科技大学出版社，2014.

［2］钟日铭. Creo 2.0 中文版完全自学手册［M］. 北京：机械工业出版社，2013.

［3］唐通鸣，张政，邓佳文，等. 基于 FDM 的 3D 打印技术研究现状与发展趋势［J］. 化工新型材料，2015，43（6）：228-234.

［4］任继文，彭蓓，等. 选择性激光烧结技术的研究现状与展望［J］. 机械设计与制造，2009（10）：266-268.